方寸之间
雨林世界

我的第一本雨林缸造景书

IVLC造景大赛组委会　编著

U0388223

黑龙江科学技术出版社
HEILONGJIANG SCIENCE AND TECHNOLOGY PRESS

欢迎您来到雨林
缸的世界。

雨林缸或者说雨林造景，在全世界范围内有着非常多的拥趸，其发展经历了一段很长的时期。在中国，雨林缸造景是近几年才发展起来的。

在这几年间，无数的爱好者为了推广和发展雨林造景技术，付出了非常大的努力。我们国内爱好者从追随和模仿国外的造景到现在已经走出了一条属于自己的独特道路，甚至在很多方面有了创新，很多作品都已经超过了国外爱好者的水平。

当我们国内的作品出现在国外社交媒体上，引发所有人的赞赏和惊叹时，是我们国内爱好者备感自豪的时刻。

IVLC（International Vivarium Layout Contest）造景大赛就是在这样的背景下，由一群爱好者所组织的公益性比赛。我们的初衷只是为了让国内更多的人了解雨林缸造景，并希望有更多的人能够加入到这个行业中来。

这本书，我和阿诚、黄硕、汤问鼎、卡拉 pN 几个人整理了很长一段时间，又添加了很多内容。我相信，随着时间的推移，肯定还会有更好的造景方式和理念推出，我们也会不断修改自己的推荐方法。然而就目前为止，本书汇总的雨林缸造景方法是最适合新手开始雨林缸造景之旅的，书中的参赛作品展示的也是最能够体现现有国内造景的最高水平的。

打开本书，你不仅能看到炫目的图片，还能看到国内雨林缸造景走过的历程，更能看到通过这一历程大家所总结出的方法和经验。希望这本书能够帮助更多的爱好者顺利地开启雨林缸造景之旅。所谓临渊羡鱼，不如退而结网，真的动手做一做，会收获更多的快乐。

当然，我们也期待在这本书上架以后，能有更多的人了解和参与这一项爱好，甚至参与 IVLC 造景大赛，帮助推动、提高国内造景水平。逐步引导人们开始欣赏自然、热爱自然、保护自然，这是我们更进一层的希望。

天生　2020 年 3 月 20 日 于北京

目录 CONTENT

什么是雨林缸造景

雨林缸造景就是模拟雨林中的环境，如在森林中静静的池水、奔腾的小溪、飞泻的瀑布、凌乱的石群，搭配着参天的大树根部、缠绕的藤萝、繁茂的花草交织成一幅幅迷人的画面。

生态指一切生物的生存状态，以及生物个体之间、生物和环境之间环环相扣的关系。

生态学的产生最早也是从研究生物个体开始的。如今，生态学已经渗透到各个领域，当然，不同文化背景的人对"生态"的定义会有所不同，正如多元的世界需要多元的文化，自然界的"生态"也追求物种的多样性，以此来维持生态系统的平衡发展和稳定，否则就有崩溃的危险。

生态系统是由生物群落与无机环境构成的统一整体。其范围可大可小，相互交错，其中最大的生态系统是生物圈，最为复杂的生态系统是热带雨林生态系统，而人类主要生活在以城市和农田为主的人工生态系统中。

人类是环境的产物，人类从单一逐渐发展成为社会系统，始终寄生于自然生态系统中，同时人类也在不断地改造环境，以谋求自身的生存与发展，两者耦合成为一个大的动态系统。但自然生态系统缺少人类社会系统并无大碍，人类生活却无法脱离自然生态系统而独立存在。

即使现代社会系统与生态系统的链接已然十分薄弱，水调工程、人工降雨、化肥、温室、补光灯、基因工程、电气化等的问世，使得人类无论在地球的何处都可以享受最适宜人类生存的环境，但生态系统仍在其中发挥巨大作用。

生态破坏是人类社会活动引起的生态退化及由此衍生的环境效应，导致了环境结构和功能的变化，对人类生存发展以及环境本身发展产生不利影响的现象。

生态环境破坏主要包括水土流失、沙漠化、森林锐减、土地退化、生物多样性的减少，此外还有湖泊的富营养化、地下水漏斗、地面下沉等。

在经济利益的驱动下，很多地区不顾生态的良性循环和承载能力，盲目地甚至是粗暴地进行采挖、捕猎。不合理的开发利用方式和强度，对许多动植物资源造成不可逆转的影响。

在人类利用能源的初期，能源的使用量及范围有限，加上当时科学技术和经济不发达，对环境的损害较小。又由于环境的恶化是积累性的，只有较长时间的积累，才能察觉到它的明显变化。

在这个过程中，环境的改变并没有引起人类的特别注意，因此环境保护意识不强。然而随着工业的迅猛发展和人民生活水平的提高，能源消耗量越来越大。由于能源的不合理开发和利用，致使环境污染也日趋严重。

全世界每年向大气中排放几十亿吨甚至几百亿吨的 CO_2 及其他有害气体。这些排放物都主要与能源的利用有关。由于 CO_2 等所产生的"温室效应"使地球变暖，全球性气候异常，海平面上升，自然灾害增多；随着 SO_2 等排放量增加，酸雨越来越严重，使生态遭破坏，农业减产；氯氟烃类化合物的排放使大气臭氧层遭到破坏，加之大量粉尘的排放，使癌症发病率增加，严重威胁着人类健康。

但事实上生态系统自有其调节方式，无须看作一个整体，将其拟人化。而生态缸造景就是将一个大的生态系统微缩到一个人类可控的小环境（称生态缸造景）中，让人们明白整个系统运作所需的外部环境，包括矿物质、微生物、植物及其他因素在系统中的作用，以小看大，从而了解生态相貌。

生态造景分类

由于地球的内力或外力不同，造就地球上有各种各样的地形外貌，其特征亦有不同。主要的地形地貌有高原、平原、丘陵、河流、瀑布、沼泽和沙漠等。而生态缸为将自然百态之美集中于室内呈现，其命名也由所模拟的自然环境中不同的海拔、湿度、光照等造就的不同自然特色的风景而命名。

现在按照其造景场景可将生态缸主要分为雨林缸、沙漠缸、沼泽缸、苔藓缸、食虫缸、其他场景造景缸。

雨林缸	即以模拟雨林风格、使用雨林喜湿特色植物为造景元素的生态缸。
沙漠缸	即以模拟沙漠荒芜风格、使用沙漠耐旱特色植物为造景元素的生态缸。
沼泽缸	即以模拟沼泽湿地风格、使用水陆双生植物为造景元素的生态缸。
苔藓缸	为雨林缸的一种，以各种苔藓作为缸内主体，配以树枝等营造地面遮阴处景观的生态缸。
食虫缸	为使用食虫植物作为缸内主体的生态缸，其特色为强光下食虫植物相互搭配成景。

生态造景设计原则

生态缸造景指在隔绝物质交换的空间内，由许多不同生态系统所组成的整体（即景观）的空间结构、相互作用、协调功能及动态变化，而构建的闭式人工微型生态系统。

因地球所受内力外力不同，形成了多种多样的自然生态环境。地表起伏的形态，如陆地上的山地、平原、河谷、沙丘，海底的大陆架、大陆坡、深海平原、海底山脉等。每一种地貌都会在这片地貌上孕育出不同的生物和形成不同的环境，生态缸造景模拟不同地貌的生态环境，无论是原生的、堆砌的、精致搭配修剪的，都为展现自然的魅力。其系统包括微生物、植物、动物等有机物，也包含石头、矿物质等无机物。

设计生态缸时需要考虑建立一个完整的生物细菌过滤系统，为生态中的每一个环节构建一个家。为保证生态缸的可持续性，更需要精细地在开缸前进行全盘的设计考虑。基本需要遵循以下几个设计原则。

造景设计
要来源于自然

　　造景设计要来源于自然，反映自然景观要尽可能逼真，贴近现实。在设计生态缸时，要造的景观应该是人们在大自然中能够见得到的景致，同时要合乎时令、节气，而不是凭空任意捏造，否则将失真，甚至闹出笑话。因此，要求设计人先要留心生活，细心观察大自然景观，做到灵活运用，才能造出逼真的自然景观来。

造景风格
要协调统一

　　在生态造景缸中，造景要和谐统一、协调一致。根据造景者所要营造的自然景象，选择合适的陆地生物和水草。同时要考虑所营造的陆地景致，水中可能会生长什么种类的水草。同样也应考虑所营造的水体环境，岸上可能会长出什么样的陆地植物。这样才能做到生态造景和谐统一，真正地回归自然，尽享大自然的景色。

造景比例
要协调

　　生态缸的造景所占比例要协调，比如陆地和水景搭配，水景占多大比例，陆地景致占多大比例，一定要协调，而不是简单的各半，或三七开、四六开。最好先做出造景效果图，看一看二者比例是否恰当，否则会造出"水漫金山"或"湖库干涸"的不协调景观。设置瀑布时，瀑布流落的位置、落差与水中"深潭"的比例都要协调。这就要看造景者对大自然的领悟了。

造景选料
要大小协调

　　生态缸的造景材料，选材大小及摆放很有讲究，既要协调一致，又要便于堆放牢靠。一般选用大的沉木或石头做主景，小的沉木或石头做衬景或起到加固的作用，但要注意所用的材料大小、比例、造型与景观协调一致。同时在堆放时，要确保牢固，以免加水或管理操作过程中倒塌，造成水族箱破裂。

造景植物
大小比例要协调

比如,山上的"树"应该有多大、多高,是"枝繁叶茂"还是"才吐新芽";水中水草是"细如发丝"还是"丰腴肥硕";这些都要与营造的景观及时令相一致,否则造出的景观就会给人不协调、不舒适的感觉。

造景动物
要与景观相适应

生态缸造景中的陆栖动物(一般指两栖爬行类)及水中观赏鱼一定要根据所营造的景观,搭配合适的数量。比如,设置田间稻浪景观时,可放养青蛙;虫鸣鸟叫,溪流潺潺,可放养昆虫、鼠鱼、溪鱼、虾类等。但不可凭空臆造,任意放养,造出不伦不类的景观来。

方寸之间
雨林世界

生态造景
其他注意事项

造景因以植物的繁育搭配、动物的观赏养殖、美化丰富室内环境为目的。在各位生态缸爱好者的手中，生态缸的发展不断创新，场景多变。其设计具有以下要求：

生态缸必须有生态系统的生物成分及非生物的物质和能量，特别要注意要有足够的空气（体积最低应占 2/3）。

有合适的食物链结构，形成一定的营养结构，如菌类、矿物质、肥料、腐烂的动植物等，必须能够进行物质循环和能量流动，在一定时期保持稳定。

仿照自然生态，合理设计各组份占比，做到计算完全再填缸，而填缸时也应一步步进行试缸。生物数量不宜过多，并且生态系统的组成成分齐全。

尽量避免整体同时日光照射，模拟植物原始环境，防止温度或环境变化过大而杀死生物。

说完生态缸造景，接下来进入本书的主题——雨林缸造景。从上文我们了解到，雨林缸是生态缸中的一个分类，那雨林缸到底是什么呢？跟雨林之间又有着怎样的紧密联系呢？

雨林的类型

雨林是雨量甚多的生物区系。依位置的不同分热带雨林和温带雨林，大多数靠近赤道，湿润的气候保证了植物的快速生长。同时，树和植物也为雨林中的成千上万种生物提供了食物和庇护所。

　　此外还有亚热带雨林，该处有雨季和旱季之分，有温度和日照的季节变化。亚热带雨林的树木密度和树种均较热带雨林稍少。

　　其他雨林类型还有红树雨林、平原湿地森林和洪泛森林等。

　　热带雨林位于热带，是常见于赤道附近热带地区的一种森林生态系统，主要分布于东南亚、澳大利亚北部、南美洲亚马孙河流域、非洲刚果河流域、中美洲和众多太平洋岛屿。

　　在这个区域，太阳光大概以 90 度的角度直射地球，导致产生了强烈的太阳能（向南或者向北太阳能都会减弱）。如此强烈的太阳能是与赤道上一昼夜的长度（每年 365 天，每天 12 小时）一致的（赤道以外的其他地区一昼夜的长度是会变化的）。

强烈的太阳光是森林通过光合作用产生能量必不可少的能源。虽然有着充足的太阳能，但热带雨林全年温度并非很高。因为低地雨林林冠高度较大，且降水充沛，使其温度保持在 22～34℃。而山地森林海拔更高，加之水汽更为充足，虽林冠普遍低于低地热带雨林，但温度往往更加凉爽。

在一年中温度会有浮动变化，但对一些赤道地区的雨林来说，一年到头温度的变化也就在 0.3℃。由于有着云层和很重的湿气，所以温度一般都比较暖和。

有热带雨林分布的地区，年降雨量很高，平均降水量每年 2032 毫米以上，超过每年的蒸发量，常年空气相对湿度 95% 以上。这里无明显的季节变化，白天温度在 30℃左右，夜间约 20℃。是地球上抵抗力与稳定性最高的生态系统，而众多雨林植物的光合作用净化地球空气的能力尤为强大。所以，这样的环境无疑是地球赐予地球上所有生物最为宝贵的资源之一。

雨林的降雨量

雨林一个很重要的比较明显的特点就存在于它们的名字中。雨林位于热带的汇合区域，那里有大量的太阳能产生的空气上升而产生的热对流，需要通过频繁的暴雨来散失其水分。

雨林的主题就是有着较大的降雨量，每年至少 2000 毫米，甚至在有的区域一年超过了 10920 毫米。在赤道地区，尽管有些森林依靠的是季节雨，但一年的降雨不会出现明显的"湿润"或者"干旱"。

甚至在季节性森林中，雨期之间的间隔也不会很长，以至于落叶都无法完全干透。当遇到雨量比较少的年份，足够厚的云层覆盖保持着空气的湿度并防止树木干透。

许多热带雨林很少有一整月不下雨的，一年中最少有六个月在下雨。稳定不变的气候，加上平均范围的降雨和温度的保持，使大多数的雨林树木可以一年四季保持着绿色，而且不会在任何一个季节掉光所有的树叶。

远离赤道的森林，比如处于泰国、斯里兰卡和中美洲这些雨季比较明显的地方的森林，可以认为是"半常绿"森林，当干旱季节来临的时候，有些树种会掉光它们所有的叶子。每年大范围比较均匀的足够的降雨量，使得常绿宽叶树种或者至少半常绿树种保持着旺盛的生长。

雨林的湿气来自于降雨、连续不断的云层覆盖和植物的
蒸腾作用（通过叶子散发水分），这些使当地有足够
的湿度。每一棵冠层树木每年要蒸发掉 760 升的水分，每 4046.68
平方米的冠层树木通过蒸腾作用每年要向大气中蒸发大约 76000
升的水分。

雨林的物种

大面积的雨林（和它们的湿气）对形成雨云有很大的贡献，而
且为它们自身产生了多达 75% 的降雨。亚马孙雨林是产生自身高达
50% 降雨量的源头。

雨林有着丰富多样的物种，但任何一个具体的物种没必要有太大
的数目。一些雨林物种有着数百万的群体总数，然而其他的可能仅仅
由少量的个体组成。

热带雨林生物学是罕见物种的生物学。这是因为雨林中的大多数物种数目在整个森林范围里还是很少的，并且这些物种在它们特别适应的一些小区域里很普遍。一个物种可能在一个区域很普遍，但在 450 米距离之外，生存着另一种和其相似但不同的物种，那它就少得可怜了。

在雨林中，一些零散分布着的小块地里，人们会发现一些普通的物种，而在整个森林里零散分布着大量稀有的物种。这些物种中，一些是极其少见的，甚至到了濒临灭亡的边缘，尤其在已被破坏的森林里，这种现象更为普遍。出现这种模式的原因在于许多物种是高度特异的适合特定的生态位。

生态位存在的地方，某个物种可能有大的群体，并且能不断繁衍后代，从而移植到新的地区。然而，"殖民者"总是不能成功，因为它们不能和其他地区那些已经高度特异化了的物种相竞争。因此这些"殖民者"在它们试图建立的一个新的"根据地"里是很罕见的。

雨林是全球最古老的植物群落，在生物进化史中，雨林成为地球上繁衍物种最多、保护时间最长的场所；是多种动物的栖息地，也是多类植物的生长地，是地球生物繁衍最为活跃的区域。所以森林保护着生物多样性资源；而且无论是在都市周边还是在远郊，森林都是价值极高的自然景观资源。

超过三分之二的全球植物物种在热带雨林被发现，热带雨林植物为动物提供庇护所和食物，雨林除了维持正常降雨外，在调节全球气候方面也起着重要的作用，同时缓解了洪涝、干旱和侵蚀等灾害的发生。它们储存着大量的碳，同时制造了全世界相当数量的氧气。

雨林的植物结构

　　雨林有着独一无二的植物结构，这种结构由一些垂直分层组成，包括森林树冠层、冠层、林下叶层、矮树层和地面表层。

　　冠层指的是茂密的顶层叶片以及由紧密分隔开的林木形成的树枝。较高的冠层离地面有 33 ~ 43 米高，一些零散的突兀树木穿透冠层向外生长。43 米或者更高层，组成了森林树冠层。

　　在冠层顶部以下的是有着多重树叶和树枝的林下叶层。林下叶层最低的部分，1.5 ~ 6.0 米的高度，这里是矮树层，它由一些灌木植物和小树苗组成。

　　冠层的繁茂枝叶有效地掩蔽了地面的光照，在原始的赤道雨林里，很少存在那种"丛林"似的让人举步维艰的稠密的地面植被。在原始森林里，地表植被是很少的，主要由一些藤本植物和小树苗组成。

冠层系统的一个重要特征就是有生长在冠层林木上的附生植物的存在。附生植物不是寄生的，因为它们不从宿主那里获取营养维持生命，而是把宿主树木当作生存的支持者，两者互相帮助，各取所需。

附生植物有着很好的空中环境适应能力，它们采取各种方法从周围的环境中汲取营养物质，这是一种生存机制。

冠层的另一个植物类型特征是藤本植物。它是一种木质的藤蔓，在林地地面作为灌木生存着，并且它能够沿着冠层林木攀爬而上直至冠层。

还有一种和藤本植物相关联的植物类型，那就是半附生植物。它生存在冠层里，长长的根部最终延伸到地面。一旦扎了根，它就不必依靠从冠层环境里获取营养物质，而是从地面汲取营养而生存了。

有数目不详的动植物居住在冠层中，它们当中的绝大多数适应了这种枝繁叶茂的热带雨林，大概有 90% 的物种存在冠层生态系统中。由于热带雨林大概容纳了 50% 的植物种类，因而热带雨林的冠层部分可能生存着地球上 45% 的生命。

雨林的生态系统

所有的物种都在一定程度上依赖彼此而生存，这种相互依赖的特性是雨林生态系统中一个主要特征。在森林中生物之间的相互依赖性有很多形式，从一些物种依赖其他物种的授粉和散布种子，到捕食、被捕食关系，再到共生关系等。

例如，巴西的干果树是依赖一些动物而生存的。在亚马孙雨林发现的这些大型冠层林木是依赖刺豚鼠（一种居住在地面的啮齿类动物）来维持它们生命周期的主要部分。

刺豚鼠是唯一的一种能用有力的牙齿剥开葡萄大小的种子豆荚的动物。当刺豚鼠吃一些巴西栗的种子时，它会把种子零散地埋在森林里离母树很远的隐蔽处。接下来，这些种子就会发芽生长成下一代。

关于授粉作用，巴西栗树依靠长舌兰蜂的传粉。要是没有这些体大的蜜蜂的话，巴西栗不可能生长。因为这个原因，巴西栗树很难在人工种植园里生长，它们只能生长在原始雨林中。

　　雨林中的物种间充满竞争性，无数的物种为了生存，都和其他的物种形成了这种复杂的共生关系。共生关系中，参与的物种双方相互得益。在雨林里，共生关系是一种规则。

例如，蚂蚁和无数个雨林物种有着共生关系，如植物、真菌、昆虫等。蚂蚁和毛虫之间有一种共生关系。毛虫在它们的后背上制造出一些来自露珠的有甜味的化学物质，而这正是蚂蚁所食用的对象。作为回报，健壮的蚂蚁保护着这些毛虫，到了晚上蚂蚁还会将毛虫安全运回它们的巢穴。

这种共生关系发生在特定的物种之间，在这个例子里说的是仅仅一种毛虫能够满足特定种类的蚂蚁的需要。

雨林缸造景设计原则

遮天蔽日的丛林，总会给人以无限神秘之感。在雨林中，通常有三到五层的植被，上面还有高达 45 ~ 55 米的树木像帐篷一样支撑着。

下面几层植被的密度取决于阳光穿透上层树木的程度，照进来的阳光越多，密度就越大。同时雨林地区的地形复杂多样，从散布岩石小山的低地、平原，到溪流纵横的高原峡谷。地貌造就了形态万千的雨林景观。

雨林缸造景就是模拟雨林中的环境，如在森林中静静的池水、奔腾的小溪、飞泻的瀑布、凌乱的石群，搭配着参天的大树根部、缠绕的藤萝、繁茂的花草，交织成一幅幅迷人的画面。

在造景过程中，可选择水陆缸或者陆缸，即有无水流作为区分。雨林陆缸一般根据缸体大小，制作雨林上中下其中的一角，展现景观和植物的形态。

雨林造景有一句话："一步到位，是最大的节省"。如果图便宜，买了不合适的硬件，那么你的雨林缸出现问题的概率就非常大，今后再升级会造成更大的浪费。

造一个属于自己的雨林缸

CHAPTER 02

把雨林缸设备搬回家

要了解雨林缸造景，首先要了解雨林缸的硬件设施，所谓"工欲善其事，必先利其器"。对于想要在家自己设计一个雨林缸的新手来说，硬件无疑是众多需要考虑的因素中最为重要的一个，因为它们的价格真的很昂贵。

雨林缸的硬件是整个雨林缸搭建过程中最重要的部分，尤其对新手来说尤为重要。景观没造好可以翻缸重新造，但如果硬件没选好，重新买可就浪费金钱了。

客观地讲，翻缸是每个新手必经的过程。因为刚开始造景，技术不熟练，经验不丰富，很多情况下自己的想法不能完全实现。即便是老手，在一个雨林缸造景完成后，或一年，或几年，总会出现审美疲劳的时候，因此翻缸也是一个非常常见的事情。

所以，在翻缸的时候，只要是硬件选得好，你就会发现自己原先投入的成本基本没有浪费，省了大量的金钱和时间。

另外，雨林造景界有一句老话："一步到位，是最大的节省。"如果图便宜，买了不合适的硬件，那么你的雨林缸出现问题的概率就非常大，今后再升级会造成更大的浪费。很多雨林缸造景的老手刚开始因图便宜买了很多东西，最后只能忍痛换掉，放在角落默默落灰。

选择一个
适合自己的缸体

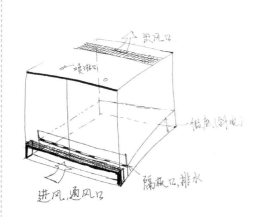

进风口

喷淋口

低板(斜的)

进风,通风口

隔板口,排水

为啥叫雨林缸呢，首先得有个缸吧！

因为我们平时生活的环境和雨林差别还是很大的，所以我们需要为这些雨林植物或动物塑造一个微型的环境。缸体便为它们提供了相对稳定的湿度和温度，从而使家里拥有雨林成为可能。

请注意，雨林缸不等同于鱼缸！那么，一个优秀的雨林缸缸体与鱼缸有什么区别呢？

前开门 ▷

这点是和鱼缸最大的差别，毕竟开了门，就没办法加满水了。不过也有人用旧鱼缸改造雨林缸的，这样的话，除了通风需要加强以外，日常的维护也增加了难度。但是没准有人会喜欢复杂一点的事情，比如爬上缸顶，再探身进去拔草之类的。

通风条 ▷

专门设计的雨林缸，在前面会有前通风条，这样空气会随着植物的蒸腾被吸入缸内，维持通风。前通风条分为垂直和水平的，各品牌缸不太一样。市面上的成品缸有些顶部是顶网，直接通风，有些定做的缸体，顶部是玻璃盖子，通常在后部加装通风条。

顶盖 ▷

上文提到，为了维持缸内湿度，雨林缸往往有顶盖，玻璃、亚克力、纱网都可以为了不同用途而成为顶盖的材质。同时，顶盖上要预留喷淋口、通风口。喷淋口可以在玻璃上打出 16 毫米的圆孔，根据需要数量而定，而通风口则看造景需要。

排水 ▶

　　一般在缸体底部会加装排水孔。因为雨林缸里的喷淋会不断喷进水去，但是蒸发量不会有那么大，如果不及时排水，会淹死植物，甚至溢出缸体。自己定制的缸体，也需要预留排水孔，甚至有人把排水孔直接做到缸底，使缸内不会出现积水。

　　如果自己选择的缸体实在没有排水，也不是没有解决的办法。一种方法是靠做水陆景，水多了就从水池里抽出多余的水；另一种方法是留一根管子到假底下（有关假底是什么，后面会讲），利用虹吸抽出水来。

　　市面上有很多种品牌缸，有的设计好，有的便宜，有的性价比高，都可以选择。因为经过这么多年的发展，国内一些品牌缸的设计和质量完全不输国外大品牌，尺寸大小和设计样式的选择也非常多样，可以按照自己的需求进行选择。当然，缸体也可以自己定做，毕竟要达到适合自己家居摆放的要求，只有定做才能完全符合，比如在 IVLC 的比赛中就出现了定做的八角缸和拐角缸，还有没有门和顶盖的完全开放缸体。

定制实例

　　为了让雨林缸新手更清楚地学习到如何定做缸体，接下来，用一个实例来分解介绍做缸体的要素。

　　上图中，首先可以看到前面有一条前通风条，大约有 5 厘米宽，其实可以更窄些。而在缸体顶盖后面，也对应地做了一条 12 厘米宽的通风条。虽然自然通风完全充足够用，但是为了以防万一，加装了两个电脑风扇，用于在需要时进行强制通风。

　　由于缸后面没有空间（设计失误），所以没有做排水孔，多余的水从水体部分直接抽掉。前面是两片推拉门，可以彻底卸下来，方便打理和造景。在顶盖做了 6 个喷淋孔，一般这么大的缸 6 个喷头是不够的，但是可以在喷头上下功夫，增加喷淋的话只需要把单喷头改成双喷头或多喷头就可以了。这里需要注意一点，喷淋孔是开在前端的，但是如果你的缸体宽度设计超过 45 厘米的，建议把喷淋孔放在缸顶居中一点的位置，这样可以使背景板上的植物得到充足的喷淋。

必须选择一个
够用的灯具

雨林缸硬件中最重要也最贵的应该是灯。因为灯直接向缸内的植物供能，你的小小生态圈里，它就是所有动植物的太阳。选择一个好灯，意味着你的缸成功了一多半，因为后期植物出现问题的概率降低了非常多。

其实，现在市面上有很多不错的品牌灯，可供选择的空间特别大。接下来就提供几个选择灯具的基本原则，供玩家参考。

有的玩家会考虑让阳光为自己的缸体供能，这样可以省却选择灯具的麻烦，这是一个非常大的误区。因为阳光会给缸体内带来非常大的热辐射，而热带植物，很多是怕热的（没错，热带地区雨林里的温度往往比内陆大城市低多了），不可控的温度加大了缸体出现问题的概率。

另外，普通地区的阳光很难达到热带阳光的强度，即使你身处云南这样接近热带雨林的环境，阳光照进缸里时也受到了很大的衰减。因此，使用阳光代替灯具并不可靠。

选择灯具，第一要考虑的就是瓦数必须够大。雨林植物对于光的需求非常高，就说雨林缸爱好者们普遍都喜欢的一种植物——积水凤梨吧，这类植物的光补偿点在 5000 勒克斯左右，换句话说你给它补充 50 瓦以下的 LED 白光灯，它就只能枯萎了。而凤梨植物的光饱和点是多少呢？目前为止，还没人测出来过，可以先假设它无极限吧。

经过多年的经验积累，得出一个经验计算公式：每平方米照射面积（包括底部和背景墙，并且要计算植物的延展照射面积）需要 70 瓦 LED 白光灯，前提是显色和光谱比较好。这只是一般情况下的计算方法，但推荐使用 100 ~ 150 瓦的白光灯，这样可以使植物有更好的状态；同时最好混合红色和蓝色的彩珠灯，以求对植物有更强的光照输出。虽然对植物没什么作用，但可以起到平衡显色的作用，加入绿色灯珠能让你的缸看起来不那么像特别低俗的夜店，如下图所示。

从灯具的类型来说，首选还是 LED 光源的雨林灯，虽然被诟病，但是 LED 同瓦数的输出率确实是现有灯具里最高的。同时，在雨林缸的应用当中，缺少了足够的水体降温作用，灯具的热辐射是大问题，金卤灯这样的好灯就非常容易把植物烤干。而 LED 灯具属于冷光源，减轻了热量向缸内的辐射，因此成了雨林缸灯具的首选。

不过 LED 灯具也存在一些问题，最大的问题是光谱一般比较单一，在显色上和对植物的有效输出上要差一点，所以在选择时要尽量选显色指数在 85 以上的 LED 灯具，并配合适当的混合彩色灯珠。

按照上面的公式计算的话，60 厘米 × 45 厘米 × 60 厘米的标准成品缸，一般建议采用 100 ～ 150 瓦的 LED 灯。大瓦数灯具当然更好，但是除了浪费外，不熟悉植物的新手，可能会导致阴生植物暴露在强光下晒伤的问题。同时，一些玩家会更青睐原生缸造景，只选择蕨类、兰科等对光照需求量差一点的植物，这样的话，瓦数可以适当地小一些。

下面这个缸体是 120 厘米的，按照上面介绍的公式计算，应当用 300 瓦左右的灯。但由于缸的主人过于自信，直接选用了 500 瓦的灯，还加了红蓝彩珠。

如下图所示，发色相当可怕。

下面这张是开缸两个月后的表现，可以看到凤梨还没长开已经十分红了。

为了模拟热带地区的光照，建议光照时间设定在 8～12 小时之间，因为不规律的光照很可能造成植物的光周期紊乱，导致植物生长出现问题，甚至永远开不了花。比较忌讳的是，一些新手为了省电而缩短光照时间，或者只在自己欣赏的时候开灯，这样缸内的植物是无法得到充足的能量的，长期肯定会出现问题。

我们做一个雨林缸造景，不只是为了自己欣赏，也是为了亲近自然，并好好对待自己喜爱的动植物。所以既然想拥有，就要做到给它们最好的环境。

灯具选择的原则

雨林植物需要多少光照

以水草缸为例，1升水需要的瓦数不同，但是基本在0.3～1.0瓦之间，而雨林缸需要的会更高一点。这个问题需要从真正的热带雨林说起。

雨林当中，植物是分层的。

首先是树冠层，生长着绝大多数的积水凤梨和空气凤梨等植物，这部分植物是接受了最多阳光照射的，也就是说，它们是最需要光照的。

那么具体来说，需要多少瓦的灯光呢？有文献记载，正午的阳光相当于2000瓦的灯！先别着急，我们没必要用那么大瓦数。从植物的光需求来讲，能正常维持植物生长的光照，叫作植物的光补偿点，也就是超过这个光照强度，植物才能活下去。

积水凤梨的光补偿点，一般平均是 5000 勒克斯，折合每平方米照射面积 50 瓦左右的优质 LED 灯。想要它长出更好的状态，那么就需要更高的瓦数。不用担心瓦数太高会损伤积水凤梨，因为它的光饱和点目前还没有被测出来，不存在光照损伤，更何况你的灯光再强，也比不上太阳。

第二个要考虑的，是幼树层和灌木层。这个梯度存活了绝大多数的附生植物和藤本植物，以及部分苔藓和蕨类。这部分植物需要的光照比较有弹性，稍微高点和低点都行，光补偿点不高，光饱和点却不低。但是光照太低会导致兰科植物不可逆转地衰竭，光照太高又会灼伤它，因此，需要我们深入去研究每种植物的具体需求。

第三个要考虑的，是地面层。这里主要是大部分蕨类、苔藓和地生植物。这部分植物往往在热带雨林密集的植株下进化出了各种高效使用光线的结构，因此对光照的要求比较低，而高光照反而会灼伤植物。比如我们有时候会看到市面上有的金线莲在强光下会褪色，失去叶面上的花纹。

到这里我们可以得出这样一个结论，实际上对光照需求最高的就是凤梨科植物，它们决定了雨林缸灯具需求的下限，而其他植物可以通过遮挡和合理的摆放来调节光照。

因此，雨林缸的光照强度要分两种情况讨论：有积水凤梨、无积水凤梨，这两种情况下灯光的需求是全然不同的。有积水凤梨，那么以60厘米缸为例，至少要使用接近100瓦的优质LED灯具。而一些资深玩家会选择没有积水凤梨的造景，这种情况下用50～60瓦的灯具完全足够了。但在任何情况下，都需要为地生、阴生的植物提供相对遮蔽的种植环境。

雨林植物需要什么样的光照

同样，我们从自然界说起。大家应该都了解，植物之所以是绿色，是因为反射了绿色的光。因为植物光合作用只需要蓝色和红色的光，不需要绿光。

有文章认为，现代的植物大多数采用红蓝光，是因为远古时期，黄褐藻

等使用胡萝卜素开展光合作用的植物占据主导，它们主要吸收绿光，所以现代植物的始祖采用了不同光谱避免与黄褐藻竞争。结果不料黄褐藻没进入决赛，现代植物白白使用了杀手锏。

另一方面，植物没有采用光强度更高的绿光，也是因为不需要这么大的能量。因为植物的光合作用中，暗反应的效率实在太慢，消化不了光反应的所有产物，因此只用相对弱一点的红蓝光已经足够了。

知道了植物主要需要红蓝光，那么我们怎么选择灯具呢？首先，我们要知道，植物生长中，红光主要刺激植物的生根繁殖，蓝光主要刺激植物的生长和叶片发育。因此，一个好的灯光选择需要平衡红光和蓝光的比例。

最后，即使纯白灯光也需要仔细选择，不是所有灯光都能当作雨林光源的。一些灯光，如投光灯，更多追求光强和亮度，绿光的比例更多，对人眼刺激更大，但是对植物却是无效输出，同时显色也比较糟糕；还有一些灯，采用的发光原理不适合雨林缸，造成光谱狭窄，对植物的输出也不足。好在现在灯的技术也在进步，一般来说，选择显色数值高于 85 的灯，相对更有保证。但具体数值还要深入了解，因此选择一个好的专业的雨林灯更适合雨林缸新手玩家。

雨林缸选择灯具的原则是什么

对于雨林缸灯具的选择，需要重点考虑几个因素。

光强　　光强也就是瓦数。一般来说，LED 光源的发光效率更高，因此相对瓦数可以选择低一些。按照上面提及的每平方米照射面积 70 瓦的公式，保险起见，60 厘米缸使用 100 瓦 LED 灯是合适的。

光谱　　光源需要包含足够植物使用的有效能源，主要是红蓝光。

显色　　缸体造景毕竟是拿来欣赏的，好的显色能让造景效果提升一个档次。最好不要用红蓝补光灯照射，好像家里是低档 KTV 一样。也不要用粉红、惨白、蓝紫的灯光。好的显色需要以设计合理的白光为主，同时如果使用了红蓝光增强输出，应当加入适当比例的绿光平衡显色。

穿透力　　缸体的高度决定了采取的灯珠大小，如果光照过于分散，那么缸体高度稍高，下层植物就得不到足够光照。过高的缸体需要加适当的射灯来补充光照。

温度　　淘汰掉草缸的金卤灯吧，那会把植物烤熟。LED 灯在雨林缸中的优势更大。

颜值　　其实市面上有一些可以代替专业雨林灯的灯具，输出显色都没问题，但是为了家装等设计的，装在缸上很丑。好的造景还是需要更好的硬件外形衬托的。

　　虽然灯具选择的原则非常明确，但是一些新人在开缸的时候，在灯光的选择上出现偏差，导致整个缸体的观感甚至植物状态出现了很大的问题，接下来就针对大家在照明选择上可能出现的问题进行一下讲解。

照明不足

照明不足是很多新手选择照明灯具时出现的最典型错误。之前说过，雨林缸的灯具是硬件当中最为重要的，它决定了缸内所有生态的能量输入。但是很多新手会在成本方面有所顾虑，怀着侥幸心理选用了照明不足的灯具，心里还在偷着笑：你看，这植物不是没有死嘛！

照明不足不一定会导致植物死亡，即使是最需要光照的积水凤梨，长时间缺光也只是先出现褪色、徒长等不健康的表现。而兰花等植物短期内也并没有明显的表现，但其实已经出现了不可逆的衰竭，即使此后灯光恢复，大部分兰花也不会恢复状态，只能慢慢走向死亡。

很多缸体由于灯光照明不足，几乎所有积水凤梨都出现了褪色和徒长，其中还包括一些价格不菲的优秀品种的积水凤梨，十分可惜。

另一个问题是，一些朋友选择了点光源（比如射灯）作为主灯具，但点光源照射的区域之外，其他植物是缺光的。除非是在光源之外全部使用阴生植物，缺光的问题就不会很明显，反而凸显了重点，但这需要有长期的经验来控制。

虽然射灯之类的点光源相比灯盘一类的平光源有一定的优势，比如对超大缸体来说，平光源就无法照顾到底层的植物。但是点光源的运用是需要一定的经验和设计思路的，如果不能设计得面面俱到，特别是新手，还是推荐使用灯盘，比如下图这样的。

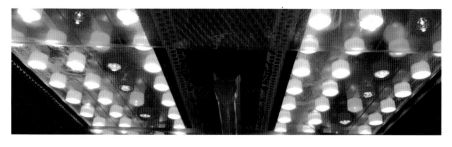

但是，并不是说射灯不好。举例说明，请看下面两张图片。

这是 2017 年 IVLC 大赛的两个精彩的作品，都是精巧地设置点光源造就的。

而且如果缸体过高，那么为了提高穿透力，点光源是唯一的选择。

如果非要使用点光源，对新人来说有个建议，就是一定要尽可能多加灯，可以多，不可以少。密集的灯阵可以规避掉灯光不足的问题。

还是那句话，最大的节省，是硬件的一步到位。

色偏差

新手的另一个问题就是选择了显色有问题的灯具。总结一下，有以下几种情况：

使用了水草灯、植物补光灯等灯具，颜色上"不正"，对比一下下面两张。

两张图，一个偏蓝，一个粉红，导致观众根本无法欣赏这两个缸体内的植物，看着就不舒服。

我们都知道，红蓝光对于植物来说，输出是很高的。可是做一个雨林缸，不也得用来让自己欣赏的嘛！如果有人说"我的缸就是养植物的，不用观景"，那使用补光灯也未尝不可。

比如回到我们刚才出现过的这张图片。

这个缸使用了一款相对比较好的雨林缸品牌灯具，呈现出的效果就像迪厅的色彩，这是因为当时强烈的白光主灯珠坏了，所以彩色补光灯占了主导。这里有一个解决灯光不足的补充方案，就是在不观赏的时候，适当增加红蓝灯光，以增加对植物的有效输出，但缺点就是景象惨不忍睹！所以，宜尽量设置在没有人观赏的时候打开，毕竟对于植物而言，不需要看自己有多好看。

如果想要缸体里有一些红蓝光谱，给植物开小灶，又要兼顾观赏的话，那么，一方面要用一点绿光来平衡显色，另一方面就是使用大功率白光灯去遮掩彩色灯珠的影响。

显色温不对

对于新手来说，担心显色不好平衡，不用蓝色和红色的灯，使用白光灯总没问题吧？但是还有色温这个问题。

白光当中，色温越高，意味着越偏向蓝色；而色温越低，就更偏向暖色调，这两者都不利于雨林缸的欣赏。这也是我建议新人购买专业灯具的原因，因为经过长时间的应用，商家基本调整好了显色，不用玩家自己费脑子。但是如果你们要自己选择，记住用6500k 的正白光。如果不知道这是什么意思，就记下来和店老板说，他们会帮你找到。

显色不足

雨林缸的灯具基本上是以 LED 灯为主。LED 灯的天然缺点就是显色不足。在灯具照射下的物体，怎么看都不像真东西。这个问题目前随着技术进步已经得到了解决，但是市面上仍然有一些比较廉价的 LED 灯，显色非常差，一些图便宜的新手很容易中招。

这样的 LED 灯虽然是白光，可是怎么看都觉得不舒服。这主要是因为我们看到的颜色实际上都是物体反射出的光线，而在显色不足的灯光中，没有包含足够多光谱的色彩。在这种灯光的照射下，植物没办法反射出能够表达自己真实颜色的光线，也就无法让我们欣赏到它们真正的风采了。

这个问题要怎么解决呢？可以在选择灯具的时候，告诉商家老板，你要高级货，要显色指数 85 以上的。现在摄影和服装店的LED 灯也是这样的要求，但是更好的选择永远是直接购买过硬的品牌专业灯具。

想让缸体更容易维持？
配个喷淋吧

　　喷淋其实可以说的很少，因为大家都知道喷淋的重要性。有些朋友会有疑问：能不能不要喷淋。答案很明确，如果你是新手，又没有时间一天喷十几次水，那么答案就是必须要。

　　很多人会有这样的误解：喷淋能够在维持湿度上起到很大的作用。其实，喷淋的作用不是为了维持缸内的湿度，它更重要的意义是给背景板和沉木上的根部没有接触到地面的附生植物补水。所以造雾器是无法替代喷淋的。

　　在实践中，有人会用滴流系统流遍全缸来为所有植物供水，这不是不行，但即使是最有经验的老手，也没办法保证滴流每一次的路径和上一次开滴流时完全一样，也就是说出问题的概率很大。还有一个问题，滴流无法像喷淋一样间歇性供水，从而制造出植物根部"见干见湿"的环境，因此很多不耐涝的植物便只能枯萎了。因此，滴流作为供水方式的缸体，只能选择耐涝的植物，比如以苔藓和陆生水草为主的缸，这样可以一直开着滴流为缸体中的植物供水。显然这种方式是比较局限的。

那么，有没有什么方法可以不用喷淋呢？有，就是不用任何附生植物，比如附生兰、凤梨、苔藓，统统扒掉就可以了。不过，雨林缸会像一个大苔藓瓶，就没什么意思了。更何况，喷淋的价格也不是很高。

现在国内市面上有各种牌子的喷淋，价格差距也不大，选择大品牌的质量更有保障，小品牌的性价比更高。唯一要注意的就是喷头的数量一定要够多，如果你不确定自己需要多少喷头，那么多配置一些总是没有错的。

关于喷淋与通风的设置，很多新手都比较关心。事实上，雨林缸的通风和喷淋的安装设置与缸体的大小、造景复杂程度以及所在地区都有关系，因此这个问题要根据具体情况做具体分析。为了让新手朋友们对通风和喷淋设置有更清晰的认识，接下来为大家简单介绍一下它们的工作原理。

雨林缸动植物的舒适环境一般是湿度在 70% ~ 90% 之间，通风和喷淋的目的正是平衡这个湿度，给予缸内动植物更适宜的生长环境。

先说说通风吧。

　　雨林缸内是一个相对封闭的环境，空气流通是饲养雨林生物的重要条件之一。真正的雨林中，空气流动量是非常大的，那么，我们在打造自己的雨林时，创造一个空气循环畅通的环境至关重要。

　　缸体中空气不流通，对很多动植物而言是致命的。因为缸内的空气已经非常潮湿，如果又无法流通，必然会使病菌迅速繁殖，进而危害到动植物。因此要为其不断供给新鲜的空气，促进动植物的呼吸及新陈代谢，从而增强光合作用，促进养分的制造。

　　雨林缸中有些有毒气体会影响植株的生长发育，甚至造成死亡。如乙烯易使花朵提早衰败，在腐败的花朵中就会产生这种气体；硫化氢易使植株黄化、枯萎，因此及时通入新鲜、清新的空气是非常重要的。而且通风不良很易使细菌、病毒侵入，尤其是经虫咬伤的伤口。这些细菌、病毒一旦侵入植株，就会很快蔓延扩大，破坏组织，以致溃烂。

　　有一些高手玩家会选择闷缸养动植物，但是这需要考虑植物的品种及原生环境，作为新手来说，做通风是更好的选择。

接下来讲一讲如何实现通风。
　　很简单，两个途径，自然吸气和强制通风。很多人对自然吸气有质疑：没动力，空气怎么循环？

其实缸里是有动力的，你们忽略了植物的生命和空气动力学定律。

这里需要科普一个知识点——烟囱效应。所谓烟囱效应，是指热压作用下的自然通风，利用建筑内部空气的热压差来实现建筑的自然通风。利用热空气上升的原理，在建筑上部设排风口可将污浊的热空气从室内排出室外，新鲜的冷空气则从建筑底部被吸入。

而缸体内的烟囱效应就是利用缸内地面上升的热空气和植物蒸腾作用使水汽上升的原理。缸体上部排风口可将污浊的空气从缸内排出，而室外新鲜的冷空气则从缸体正面的通风网被吸入。这个原理在夏天也可起到一定的降温作用，但是千万别完全依赖这个原理。

因此，德国人最初设计了在雨林缸和爬缸上安装前通风网，最开始是水平的，如下图所示。

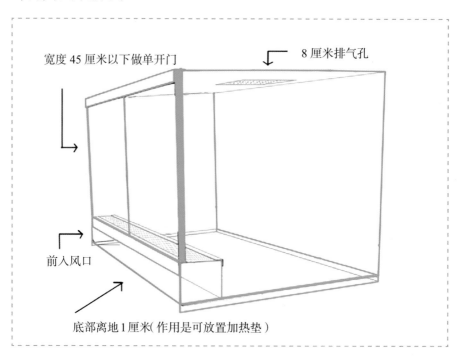

宽度 45 厘米以下做单开门

8 厘米排气孔

前入风口

底部离地 1 厘米（作用是可放置加热垫）

现在，德国动物园就采用了这种设计。这样的设计能够使自然吸气原理充分地发挥出来，缺点是影响了美观。所以，一些成品缸体采用了竖直通风网，如右图所示。

这样设计的好处是美观度增加了，如果设计水陆造景，也避免了观赏面分层的问题。

在合理的前通风设计下，采用网顶（即通常成品缸采用的方式）可以释放缸内蒸腾的热空气，实现自然吸气。因此，在使用成品缸网顶的前提下，只要不是特殊的造景，是不需要额外加装风扇的。

但是网顶也带来了一些限制：比如网顶会遮挡一半的光通量，导致光线不足；如果缸内养动物需要更高的湿度，这种情况下就不能使用网顶，而要改换成玻璃顶盖（有经验的玩家在更换玻璃顶盖时会预留通风条）；又或是一些定制缸由于设计和零件的问题没有前通风条，就需要采用强制排风了，即安装风扇。

一般来说，安装风扇需要缸体相对密封，这样风扇带动的空气流动才相对可控。因此如果你的缸用了网顶，或者是开放缸体，那么安装风扇就是完全无用的花销了。

风扇一般安装在缸顶的通风口处，以抽风为主要形式，这样可以更好地排出热气。但在一些情况下，比如比较大型的缸体，需要把通风安装到特定的角落；又或者缸体缺乏前通风口或其他进气通道，这时候就需要吹风了。不过这种情况下一定要特别注意出风口附近植物的选择，如果选择了需要湿度比较高的植物，比如苔藓类，那基本就很难成活了。

强制通风一定要注意风扇开启的时间不能太长，其实风扇把缸内湿度降低到 50% 以下只需要几分钟，因此通风时间太长的话，既没有必要又有很大的风险。如果没有经验可以做一个小测试，一般来说，强制通风设置在一天 3 ~ 4 次，每次 5 ~ 20 分钟即可，按照自己的缸体需要进行时间调整。但新开好的缸一般不需要太多的通风，因为植物还在适应环境和成长根系，通风会给植物带来不必要的压力，影响成活率。

下一步是安装和设置喷淋。

方寸之间
雨林世界

在这里先提示注意几个安装喷淋的小问题：

第一，不要把喷淋的管子放在缸内，既不美观，也很难控制喷头方向。喷头固定在缸顶，是资深玩家和从业者经过十几年摸索总结出的经验，这样设计既美观，又方便调整喷头角度，从而让喷淋能够覆盖缸内所有角落。

第二，如果是网顶，那么用改锥在顶上打洞，不要担心这样会影响美观，喷淋头安装好之后会遮盖住漏洞的。如果是玻璃顶，记住预留出足够多安装喷淋头的孔，目前市面上的喷淋头安装普遍需要 16 毫米的孔，在设计时一定要按照这个尺寸打孔。也有一些品牌缸把喷淋管和喷淋头的走向设计在了缸的内部，并预留了管线，您可以放心选用，因为这样的设计更美观也更科学。

第三，对于缸外的管子，记住要固定结实，不然在喷淋时会发出很大的声音。

喷头要按自己缸体造景的需要来调整，现在市面上用于雨林缸的喷淋都比较专业，不用担心冲击力过大，而且出水量也有保证。唯一要注意的是市面上有两种喷头——长距和广角，目前一般使用的都是广角喷头，这种喷头的优点是喷淋角度大、范围广。缺点就是超过 45 厘米深度后，背景板上的植物很难得到足量的喷淋。因此要考虑到，如果自己的缸体过大，那么就需要长距与广角喷头相搭配，完成更全面的喷淋。

在安装完喷头后，建议大家试一下，看一看是否每一个角落都被喷到了；然后再伸手摸一下，看看一些比较远的地方是不是都湿透了，如果答案是否定的，那么最好调整喷头的角度，或者直接继续加装喷头。

另外友情提示一点，有一些植物，比如空气凤梨的大部分品种并不能长时间暴露在喷淋当中，所以最好让喷淋避开这些植物。

　　下面来说喷淋的时间设置，喷淋是雨林缸里唯一需要秒定时的设备，分钟定时器会让你的缸变成沼泽。如果你买喷淋的商家不给你提供定时器，那就买一个吧，总比让喷淋毁了你的缸要好，更何况这个还很便宜。

　　喷淋的定时很难用一个严谨的公式给大家套用，因为每一个缸体大小、环境和缸内植物都是不同的，所以没有一个通用的定时方法。不过，可以介绍给大家一个相对可靠的判断方法：

　　喷淋的时长一定要保证能够把所有附生植物的基质喷透，比如你可以摸一下沉木上的苔藓，如果全湿透了，那么你的喷淋时长就够了。通常来说是在 5 ～ 15 秒之间。

方寸之间
雨林世界

喷淋的间隔要保证苔藓不能干透超过半小时,喷淋彻底喷透附生基质后,可以用手不时地摸一下基质,如果基质干透了,那么喷淋就该重新开启了,一般来说这个间隔在一小时至两小时。

如果你的基质非常快就干透了,那么不是喷淋的问题,往往是缸体通风过度、不保湿造成的,或者是附生基质太薄,可以考虑在附生的地方加一些脱脂棉或泥炭来帮助保湿,甚至可以改换一些比较不怕干的植物,比如空气凤梨之类的。另外,如果你的缸体是开放性的缸体,喷淋可能就需要更频繁一些了。

所以,喷淋设置比较通用的是早晚开关各一次,每次 20 ~ 30 秒,中间一到两小时一次,每次 5 ~ 10 秒。一般来说,刚开缸,植物正在适应,应该适当多喷一些,可以每小时一次。

最后需要提醒大家注意的是,喷淋的水要用蒸馏水或者纯净水,这样一方面可以防止喷头堵住,另一方面也避免了缸壁出现水渍。现在小区里接的纯净水也不贵,总比经常换喷头要划算吧。

其他设备

还有什么硬件呢？有啊！

风扇，用于刚才说的强制通风，电脑风扇就行。

要水景的话，再来个潜水泵吧，20瓦左右的就可以。潜水泵除了为水体提供过滤和循环，还可以制造出瀑布效果，充分发挥你发泡胶的手艺吧！

造雾器，喜欢就来一个，视觉效果很好，但是最好不要在养动物的缸里使用，据说还是有一点影响的。

还有背景板，可以买成品的，手工好的也可以打发泡胶自己制作。

温湿度计可以买一个，可以帮助你了解缸里的运行情况，但是这东西可有可无。如果你要买，一定买一个专用的，因为雨林缸的湿度可以轻松破坏一般的湿度计。

需要买定时插座和喷淋用的秒定时器，最好配一个智能插座，它可以将所有设备一起控制了。

种植基质和结构所需的东西在下面的章节会介绍。

动手构造你的雨林缸

讲解完雨林缸所需的硬件后，接下来将向大家循序渐进地讲解如何构造一个雨林缸的雏形。在这个过程中，你可以仔细地思考自己想要一个什么样的造景，以及如何搭配硬件。

结构设计是让雨林缸好看的关键，当然还有植物的选择和摆放。即使植物再贵再精美，缺乏适当的摆放位置和整体构图，也无法展现其最好的状态。所以说，雨林缸的结构还关系到是否能保证植物的最佳状态。

雨林缸内部的标准结构可以分为以下几部分：

附生层

附生层是雨林缸造景的精髓所在，需要用高高耸立的背景板和沉木丛生的枝杈来支撑各种附生植物，从而提升造景的立体感、丰富植物种类，使造景呈现出原始雨林中植物野蛮生长的视觉冲击感。

在这个区域，可以选择苔藓、附生兰、积水凤梨、空气凤梨等附生植物，也可以选择络石、薜荔、风不动、球兰等攀缘植物，通过喷淋为这些植物补充水分。

地面层

地面层是种植植物的主要区域，可以选择迷你矮珍珠、狸藻等低矮植物作为前景，也可以搭配秋海棠、苦苣苔等植物来点缀空间，选择性相对丰富。

种植时最好按照布景的规则，分前后景种植，低矮的植物种在前面，高大的植物种在后面，营造出景深效果。

基质层

基质层就是我们所说的土层，这个没什么过多可以说的。

储水层

储水层是雨林缸最基本的结构，就是下面要讲的"假底"。在这里只向大家讲解假底的搭建过程，至于构图就需要大家各自动手设计了，毕竟每个人的审美是不一样的。

先做一个假底，
别让植物死了

在制作雨林缸的过程中，新手们涉及的问题最多的就是如何制作假底，归纳成三个问题就是：假底是什么？假底有什么作用？不做假底可不可以？

接下来，就以上三个问题一一解答。

第一，假底是什么？

顾名思义，假底就是不是真的底部，而是在缸底之上重新制作一个底部。假底与真正的缸底之间留有空隙，用来保存从土层流下来的水，防止植物的根部长时间泡在水里。

第二，假底有什么作用？

假底能够起到维护缸内植物，以及减少缸内异味的作用。如果没有构建假底，制造水土分离，植物的根部及土壤会在缸底与积水长期接触，导致植物的根部无法呼吸，最终烂掉死亡。另外，土壤和水长期接触，易滋养厌氧细菌，最终导致土壤完全臭掉……

第三，不做假底可不可以？

当然可以！如果你只养不怕泡在水里的植物，以及不怕臭，就完全没问题。其实，有一个可以不做假底，又能保证土层不积水的办法——把排水孔直接做到缸底，让积水随时可以排出缸体就可以了。具体操作方法在之后的章节会有介绍。

在热带雨林里，降雨量非常大，但是热带雨林的土层不像我们所想象的那样潮湿。大量的降水渗过土层直接流到蓄水层中，大部分植物的根部是保持干爽透气的。所以我们用假底来模拟这一原始生境。顺便说一下，苔藓瓶和多肉缸造景也同样会用到假底。另外花市植物的盆底有一个小孔，让过多的水分自然流出，也是假底的工作原理。

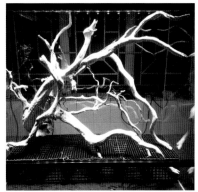

简单说，假底就是让种植植物的土壤和缸底分开而已（专业的叫法是水土分离），至于怎么分开，就无所谓了。大前提就是，别用吸水的材质，不然好不容易隔离开，水又通过毛细现象吸上去了，假底也就失去了作用。

一些雨林缸玩家最喜欢的一种操作方式是洒一层 3 ~ 10 厘米的轻石，制造一个隔水层，在这之上再铺土层。这种方法的优势十分明显，底部坚实，方便简单。但是也有缺陷，比如轻石也不便宜，而且后期会有臭味。

也有玩家用格子板架起来，这种做法对手工有一定的要求，优点是成本比较低，如果做好了，后续问题也相对少一些。

有用火山岩的，优点是火山岩对水质有一定净化作用，缺点是成本相对较高。

还有一种方便好用的假底支撑——PVC 管子。将 PVC 管子切割成自己想要的长度，用于支撑格子板做成的假底，效果也非常不错。

除了以上推荐的方法外，还有一种取材方便且成本低廉的方法——用易拉罐做假底。

易拉罐的高度统一，坚实能支撑，不吸水，灌满水就是非常坚实的地基了。缺点是高度无法调节，但如果你构思的假底高度正好这么高，那么就恭喜你了。

用格子板排列的地基架在众多易拉罐（或者其他支撑物）上，然后铺一层细过滤棉，这就是假底的全部结构了。过滤棉能够防止泥土随喷淋落下，造成泥土流失。

友情提示：

越是边角，越要坚实，在标记处和角落最好多放一些过滤棉，有条件就打点胶粘住。这样做除了能够防止泥土越漏越多形成大坑，同时也能防止一些爱挖洞的"居民"跑到假底下面和你捉迷藏。

方寸之间
雨林世界

为雨林缸
做一个背景

背景的作用主要有两点:

第一是让你的缸更好看,有个衬托。

第二是增加了植物种植的空间。

上面图片中的背景板是两种风格,一种铺满苔藓,一种露出大部分背景。实践中,两种都非常好看,可以尝试露出更多背景,制造岩壁、城墙、树干等丰富的感觉。

手工大神级完全可以参考吴哥窟的墙面制作。

背景需要做几面,完全看观赏的需要,如果你的缸需要从正面和侧面看,那么最好只做一面背景;如果你只需要从正面观赏,那么就可以做三面背景,可以设计复杂些的架构和种植更多植物。靠墙脚的缸体可以做两面背景,有些缸体可以不做背景,这样方便从各个角度来观赏。

背景的选择，主要有这么几种：

蛇木板 / 植纤

　　蛇木板是非常经典的背景板选择，玩兰花的朋友们可能更加了解，很多植物都有所谓"板植"，就是种在蛇木上。蛇木板具有最好的保水性、透气性和亲根性，可以为附生植物提供良好的生长环境。缺点是作为背景太平，不好看，价格还比较贵。作为初学者，如果你选择的附生植物不是那么珍贵的话，还是没有选择蛇木板的必要。

　　由于蛇木是桫椤制品，毕竟有环保的问题，所以市面上出现了植纤，用于代替蛇木板。质量好的植纤和蛇木板基本可以互换，虽然没有了环保问题，可是优势、劣势基本一致，价格也偏贵。而且市面上植纤质量鱼龙混杂、良莠不齐，甚至有商家用工业百洁布当作植纤销售，所以并不推荐新手使用这一类的背景材料。

成品背景板

　　成品背景板是很多玩家非常爱用的一种材料，优点是颜色都上好了，价格和造型有多种档次可以选择。初学者或者想简单造景的完全可以选择这种材料。缺点也很明显，第一是并不太适合直接种植物，而需要采取一些手段，比如挖洞、搭平台等来点缀植物；第二是造型可塑性差，要想弄个瀑布、流水什么的特别考验手工。但是现在有一些厂家做了新的产品，让成品背景板更加立体、更加多样，完全可以作为一个比较好的材料来选择。

方寸之间
雨林世界

发泡胶

发泡胶的好处很多，比如可塑性极强，只要有基本的手工能力，那么要什么景观就能做出什么景观了；再比如有一定的亲根性，可以直接在上面种植植物。即使不适合直接种的植物，由于发泡胶的可塑性强，可以考虑直接把花盆打到背景板里，这样什么植物都能种了。

另外，如果你要设计个瀑布之类的景观，发泡胶可能是你唯一的选择。发泡的缺点只有一个，就是需要一定的手工能力，如果不小心的话，会弄得到处都是，建议一定要戴一次性手套。

在以前，发泡胶不被广泛采用主要是因为颜色太丑，需要染色，再用玻璃胶粘上椰土之类的基质来种植植物。现在市面上出现了几种直接带颜色的发泡胶，有石头色、木头色、土壤色，可以即打即用，省事多了。

友情提示：
发泡胶打完干透后最好撕掉表皮，这样可以让发泡胶的孔洞露出来，更能保持水分，也更亲根。

树皮

树皮背景板的好处是非常自然，而且既然是天然树皮，附生一些植物就很简单了，缺点是太平，可塑性差，而且还容易腐败。

其他

简单来说，上面介绍的几种选择已经够用了，不用再想其他方法做背景了。有很多新人提问，用生化棉、百洁布做背景行不行？在这里强调一次：使用生化棉、百洁布等做背景主要是模拟植纤，可能看着百洁布和生化棉的纤维与一些质量差点的植纤长得差不多，可是这些根本不能等同于植纤。

生化棉和百洁布不仅具有植纤扁平不好看的缺点，还因为保水性、透气性的差异，导致要么太干要么太湿，没有植纤种植植物的优势。

植纤是高科技的成果，如果放大植纤纤维，可以看到非常复杂的微观结构，这样的结构可以在充分透气的前提下保持住植物所需的足够水分，这不是其他材料可以简单替代的，不然植纤也不会那么贵了。

有人用百洁布种了苔藓，说："你看，这不是也能活吗？"

请注意，因为你种的是苔藓，苔藓是在玻璃上、墙上都能长的，你以为是百洁布代替了植纤，其实是苔藓的生长根本不需要用植纤，如果不信，你用百洁布种个附生兰试试！

下面用一个例子来讲解打发泡胶作为背景的过程。

为了让发泡胶容易挂上去，可以先粘贴一个格子板。其实，发泡胶只要打得好，是可以充分粘在玻璃上的，但粘贴格子板确实会更方便一点。如果是小缸，可以考虑先把缸放倒，打好发泡胶，等干透之后再立起来进行其他步骤。

顺便可以固定一些沉木，搭建一些自己需要的结构，比如图中缸底右下角就做了一个过滤盒。

封闭河岸，粘沉木，还顺便做了一条小溪，真的可以流水的。

借助沉木设计出雨林缸的
主要结构

　　沉木，除了好看还撑起了缸里的空间，丰满了整个构图。没有好造型的沉木构造的缸体也是存在的，只是缺乏立体感，不过，高手也可以做出另一番景致来。

　　沉木用一块好看的木头撑起来就行，也可以多加一些组合起来，看自己喜好，但是最好采用同一种材料。加点杜鹃根，来点沉木，并不能让你的缸看起来丰富多彩，而是会变得很奇怪。

　　这种木头一个就很好，叫作"一木成景"。

　　沉木的选择包括杜鹃根、普通木头和人造材质。

方寸之间
雨林世界

首先，新手最好不要选人造的材质，这种材质对经验和手工要求很高，除非你是专业雕刻系毕业的。另外，成品制作出来的，价格高，持久力差，也不一定适合你的缸。

其次，普通木头，带树皮的那种，虽然也挺好看，不过容易腐败，导致很快翻缸，最好别用。

杜鹃根的好处是造型多变，与沉木相比在重量上有优势，也更便宜，是很多玩家的选择；劣势是不太适合直接种植植物，颜色和雨林缸也不是很搭配。所以，在使用的时候，一般需要大量覆盖苔藓来弥补这两个缺点。还有一点需要注意，时间长了，杜鹃根可能会长毛发霉，不过总的来说，做个小缸自娱自乐还是不错的。

结构搭建，沉木是最理想的选择。首先，沉木的颜色和雨林缸很搭配；其次，保水性好，可以直接种植附生植物，又比较稳定。缺点是可能会带进一些小生物，或者价格略微高一点，但也在接受范围内。唯一不太好解决的问题是不一定能找到自己喜欢的造型，这个只能看缘分了。解决这个问题的办法就是没事多去水族市场转一转，不一定在什么时候就有意外惊喜出现。

沉木既可以用发泡胶固定在底部再做假底，也可以做完假底再加沉木，前提是假底撑住了，别被压塌。

方寸之间
雨林世界

继续刚才例子的制作过程。

这个过滤盒是用作废的背景板作为材料，剪裁后用发泡胶黏合制作的，潜水泵用过滤棉包好，使水流强制通过滤材，对缸里的水体起到一定的清洁作用。

左图做好假底后，盖上过滤棉的照片，再加上一段沉木，稍微支撑下，等发泡胶干就固定住了。

放土，放水，成型。

基质

土层基质

雨林缸的土层基质配比有很多，基本原则是：

第一，保水透气。雨林植物的根部需要湿润，但是必须能够呼吸。

第二，少肥。不要用新的水草泥（水草泥并不适用于所有植物，如果一定要用，可以用使用过的、肥力减弱的水草泥），因为雨林环境里，由于长期雨水冲刷，泥土里是没有什么肥力的，雨林植物不耐肥。

所以，雨林缸土壤基质基本要以颗粒土为主，如赤玉土、桐生砂等；减少保水性过好、透气性不足的土壤，如泥炭、园艺土、腐叶土等。但是以上两种土壤的适当比例混合是可以满足需求的，再掺入粗沙、树皮甚至松针与落叶，完美的雨林地面就形成了。

更细节的配方需要根据具体养什么样的植物来确定。但是对于新手而言，选用的植物往往不会很娇贵，所以有一些比较通用的配方，比如赤玉土加泥炭以 1:1 的比例混合。赤玉土其实能完美符合雨林植物的需要，既能保水又有一定透气性，并且非常亲根，但是单独使用太容易粉化了，掺入泥炭可以延长寿命。而泥炭非常细腻，吸水，除了能附着一些细小植物的根部以外，还能保持缸内的湿度稳定。缺点是不透气，单独使用只能养活陆生水草之类的植物。因此两种土壤混合能够彼此弥补缺点，非常实用。

除此之外还有很多配比方式，还可以选择品牌配方土，选择非常多样，效果差距不大，这里就不一一阐述了。

不过，如果你养的都是耐活的花市植物，那用什么土区别也不大。比如冷水花网纹草，抓一把泥炭就能活了。

附生基质

除了土层以外，雨林的特点是拥有非常复杂多样的附生植物，比如苔藓就是很典型的附生植物。这些附生植物可以种植在背景和沉木上，但是它们也需要一定的基质。

最基本的基质其实就是沉木本身，这是沉木一个非常杰出、优于杜鹃根的特性。沉木保水性很好，一些植物可以直接在上面扎根附生。发泡胶之类的很多背景材料也有这样的基础功能，但是功能毕竟是有限的，并且在很多情况下，它们的保水能力不足以支撑植物的水分需求，这就需要额外的基质了。

苔纤是一种容易在市面上采购到的材料，其实也可以用厚的三明治布或者网纹布代替，不过效果肯定没有专业的苔纤好。这种材料可以很容易地固定在你想种植植物的地方，比如沉木和背景板上，从而为附生植物提供水分，效果还是比较明显的。而且，很多缸体由于采用了杜鹃根，没有沉木的保水能力，外观也不好看，所以往往采用苔纤把杜鹃根完全包裹住，再种植苔藓的做法。虽然整体观感上会有一点逊色，但还是可以采纳的一种方法。

水苔或苔藓也是一种很优质的附生基质，在植物种植章节会重点讲苔藓的使用。用水苔或者苔藓包裹附生植物的根系，然后种植，是一种非常好的方法，特别是对于兰科植物而言。

泥炭的保水保湿性能非常好，可以用泥炭加水和成泥巴，然后把泥糊在相应的种植位置——这会非常坚固，喷淋很难把泥炭团冲下来——然后种植植物或者苔藓。泥炭的优点是能够为缸内提供持续平稳的湿度曲线，同时泥炭可以刺激植物生根，而且对积水凤梨的发色也有帮助。如果有可能，可以尝试在缸内的一些位置放置脱脂棉，这样可以增加保水量，让苔藓更容易成活。

不要害怕以上任何基质会造成缸内景观的不协调，时间会让植物的生长磨平一切痕迹。

用植物丰富你的雨林缸

结构做好了，接下来就是填充植物了。

关于植物的选择，在后面的章节会有着重介绍，这也是一个个人喜好的问题，这一章节主要谈论的是种植的一般原则。另外强调的一点是，并不是植物越多，造景就越好看，有时候植物种类得到很好的搭配，就一两种也能够起到很好的效果；而植物很多的密植缸，往往在外观上稍显复杂，只有高手才能驾驭美感和杂乱两者的结合点。

苔藓

最先讲的自然是苔藓的种植，因为苔藓是目前国内雨林缸造景使用最普遍的植物。一个缸，即使其他植物都不加，只做好苔藓的种植，也能非常吸引眼球。提示一点，最好不要把苔藓种植得完全覆盖背景板和沉木，一方面观感不好，另一方面也糟蹋了沉木和背景的造型。有一些留白会让造景更自然，更立体。

苔藓的分类有很多，总体而言，可以分成两大类：直立藓和匍匐藓。这里着重介绍一些比较特别的苔藓品种。

也要注意苔藓的习性，有些种类喜好湿点儿的环境，有些种类偏好干一些的环境。

直立藓，如白发藓，放在地面上会更加好看。种植没有什么需要注意的，只要码在基质上就好了。

匍匐藓，如大灰藓等，一般更适合放在背景板和沉木上，种植也需要更多的技巧。

　　这里需要强调一点，在网络上有一个传播很广的、据说非常好用的配方——酸奶＋啤酒＋苔藓汁，千万不要相信这个说法，无数人试验过，最后得到的都是一缸臭水。甚至有些人尝试在混合液体里加入抑菌剂，最后也是改变不了水变臭的事实。

　　相反，如果选择让苔藓慢慢长出，最后得到的效果反而会更好，但是不要选择把苔藓放进搅拌机里打碎种植，这样生长速度会慢得离谱。

　　如果你选择让苔藓自己生长，那么最好的办法是用剪刀把苔藓剪碎，可以剪得很细，然后粘在想要其生长的位置，或者混合在泥炭里使用。

　　背景板上的苔藓，可以用玻璃胶等黏合，也可以用牙签固定在背景板上，还有人喜欢攥一团苔藓，直接塞在泡沫背景板的凹陷处。

　　沉木上的苔藓，除了用胶水固定外，也可以用捆扎带或者鱼线固定。等苔藓长一点儿，所有痕迹就都会被遮盖住。

还有一个办法，沉木和背景板都可以用。用泥炭土和苔藓攒在一起，靠本身的黏性糊在沉木或背景上，效果也非常好。

很多人会选择在沉木或者背景板上使用苔藓，因为苔藓有很好的附着性。其实，苔藓在任何表面都可以附着，如发泡胶、沉木、泡沫板，甚至玻璃，只要有足够的水分，苔藓都可以生长。

苔纤能够较好地解决储水的问题，但是否值这个价格，需要个人评判。这里介绍一个在使用苔纤之外的解决苔藓保湿的问题，那就是：苔藓种植永远伴随着一定的泥炭，不过这样苔藓会略显臃肿。解决的建议是把苔藓剪碎，和泥炭搅拌在一起，过段时间，苔藓长出后又结实又自然。缺点是，缸里初期并不好看，绿色很少，适合玩家自己做缸。

上面左侧图片里的这个缸的苔藓就是剪碎后和泥炭混合种植的，可以看到很绿，很自然。

然而初期是上面右侧图的样子，比较难看。

也有人在苔藓下先粘一层水苔，或者细过滤棉，效果也非常不错，用厚的网纹布或三明治布代替苔纤，也能起到相应的作用。

总之有基质的苔藓生长和维持总是要优于直接固定的苔藓，除非喷淋时间非常频繁，一直保湿，否则还是尽量为苔藓安排一定的基质吧。

分享一个小技巧，苔藓除了是造景素材，也是非常良好的种植基质。可以用苔藓包住植物的根部固定在相应位置上，生长会很不错。

凤梨类植物

很多新手玩家迷恋雨林缸的原因是喜欢色彩艳丽的积水凤梨。虽然积水凤梨很好种植，但也不是随便种的。

首先，所有凤梨科植物的种植一定是直上直下的。一些玩家包括部分商家，喜欢把积水凤梨的花心对着观赏面种植，这是一种严重错误的行为。因为积水凤梨会向光、向上生长，时间久了，凤梨就会长歪，叶片也会非常难看。

其次，积水凤梨需要强光源照射。既然想养积水凤梨，就不要吝啬灯具，徒长和褪色的积水凤梨会非常难看。

最后，积水凤梨不要种植在地上。不是说地上不能种，但是大概率下，积水凤梨的根部会由于无法呼吸而烂掉，导致植株的死亡。

积水凤梨的种植，首先选择在沉木或者背景板的合适位置，直上直下地摆放到位，利用莫斯胶、热熔胶、捆扎带等固定好。也可以用钻在沉木上钻个洞，把积水凤梨插进去。还可以用泥炭在沉木缝隙处填补好，再插入。总之，积水凤梨的根部的基本用途是固定植株，非常皮实，所以固定还是很容易的。

积水凤梨在固定完后，建议用泥炭或者苔藓简单包一下根部。这样做一方面能起到再固定的作用，还能遮盖住捆扎带等固定的素材，另一方面，积水凤梨的根部接触一点基质——特别是泥炭——更利于生根、发色。

说完积水凤梨，再简单说一下空气凤梨。

　　相对于积水凤梨，空气凤梨的种植主要考虑的是水分和湿度。空气凤梨并不像宣传中所说那样，没水没土就可以活，它们其实还是需要很大的湿度的。但是很多品种的空气凤梨却并不能承受经常性的、直接的喷淋，所以种植的位置需要特别考虑。

其他附生植物

　　附生植物是雨林缸里非常有特色的元素，用得好的话，能为雨林缸造景添加不少灵性。附生植物的种植和兰花一样，记住一点"见干见湿"。其实附生植物有很多都属于兰科。

　　"见干见湿"，说的就是种植方法和位置，既要保证有喷淋能浇到，并且有基质可以储水，又不能一直让根部处于长时间湿润的状态。后者很容易办到，就是不要种在地上，而是种植在背景板、沉木上，下方不要有底部就好。而前者，主要通过一定的基质来完成。

　　先说位置，背景板是固定附生植物的好地方，先试试喷淋能不能喷到。然后可以选择合适的位置，用牙签来固定住植物。如果背景采用了发泡胶，可以打胶直接拉出平台，或做出个小窝来放置植物。觉得自己手工不行的，就拿几个小花盆打在背景里好了。树皮和植纤的背景板在这方面有很大的优势，毕竟附生植物在野生环境里就是扎根于这样的基质当中，所以直接固定就好，储水、亲根能力都没问题。

沉木，更是种附生植物的好地方，因为沉木本身会吸水，有一定的储水能力，也更容易被附生植物扎根。

一些根部比较发达的附生植物，可以考虑用水苔或苔藓包裹住根部种植，还可以用椰土、椰壳、蛇木块等种植基质直接包根，然后采用铺苔藓、打发泡胶等方式遮挡住。这样做对植物是最好的，不过不种娇贵的品种的话，没必要用这么好的种植基质。皮实的植物，用泥炭包一下也勉强可以，最好在泥炭里混合剪碎的苔藓，这样长出苔藓后，会很漂亮。

地面种植植物和爬藤植物

地面种植植物相对容易很多，挖个坑种进去就行了。在背景板里埋进花盆、拉出平台也是好办法，甚至用泥炭在沉木上也可以堆出适合地生植物的位置。有一些植物会比较难伺候，这时候可以考虑区别对待一下，比如地生兰类可以考虑用水苔包根种植在土里；而狸藻可以用纯泥炭包裹根部种植；

购买到的一些带盆售卖的植物，甚至可以直接连盆（或者把盆剥掉，连着盆里的基质）埋在土层里，这样植物适应得更快。

爬藤植物可以在种植后，用牙签先固定一下枝条，以后它就会顺着你的设计路线爬了。

一般来说，植物种植后，如果两周还没有死掉，基本就可以在你的缸里长久生活了。

友情提示：
尽量不要选择冷水花这类会迅速爆缸的植物，不然以后会很辛苦。
网纹草最好也别用了，真的。

说到这里，大家应该对雨林缸的搭建有了初步的认识。与其临渊羡鱼，不如退而结网，希望大家可以动手试试，至少能知道自己的问题出在哪里。

雨林缸造景常用植物

大灰藓
Hypnum plumaeforme Wils

　　大灰藓是雨林缸内初期最常用的一种苔藓,比其他苔藓相对容易饲养一些。光太强会变成黄色,缸内可摆放前中后景有明亮光线的位置,沉木和岩石或者发泡胶上湿润的地方都可以生长。

　　通用湿度▲75% ~ 80%。
　　适宜温度▲18 ~ 24℃;
　　可忍受温度▲5 ~ 30℃。

细叶小羽藓
Haplocladium microphyllum (Hedw.)Broth.

　　细叶小羽藓是比较耐看的雨林缸中景铺垫植物,生长迅速,不适合太小的缸体。光线太强和不通风容易使其变成黄色。缸内最合适的位置是中景,在背景板和沉木上都能很好地生长,即使是中型缸也要经常修剪不然会越来越厚。

　　通用湿度▲60% ~ 80%。
　　适宜温度▲18 ~ 24℃;
　　可忍受温度▲5 ~ 26℃

金发藓属
Polytrichum Hedw.

　　金发藓是适合雨林缸内中下层的苔藓,形态像杉树的小苗,从顶部看下去就像一小片森林。需要明亮的光线,对环境变化比较敏感,移栽后需要一段时间的稳定期。原生环境通常是在基质上生长,所以在缸内如果要附生最好用水苔或者泥炭土垫底。

　　通用湿度▲70% 以上。
　　适宜温度▲18 ~ 26℃;
　　可忍受温度▲5 ~ 28℃

提灯藓属
Mnium Hedw.

提灯藓是适用于雨林缸中下层的苔藓，对湿度要求很高，野外喜欢生长在水源的附近或者湿度很高的地表。如果缸内有水体，可以考虑种在水源附近，或者半水栽培，放在出水岩石或者沉木上会生长得很好。喜欢中高光。

适宜温度◊ 18 ~ 26℃；
可忍受温度◊ 5 ~ 28℃

青藓属
Brachythecium Schimp.

青藓也是比较常用的苔藓，状态好，很漂亮，但是养护比较麻烦。青藓很怕热，也比较容易追光，经常会养一段时间就变成黄色，这是因为被病菌感染了，而且一旦一小块被感染，几天后就会大面积变黄。不推荐开缸的时候使用。

通用湿度◊喜欢高湿度，75%以上的湿度都可以，还可以转水下状态。

适宜温度◊ 18 ~ 24℃；
可忍受温度◊ 10 ~ 26℃。

白发藓属
Leucobryum Hamp

白发藓一般水陆缸用得比较多，野外比较常见的都是一坨一坨的，因为它长高时比较容易长成一块块的形状。拆开的话就能发现底层的老叶已经死亡，只有顶端在生长。缸内算比较好养的苔藓（因为死了也不容易看出来），缸内上中下层都可以。

适宜温度◊ 18 ~ 26℃；
可忍受温度◊ 0 ~ 30℃。

卷柏属

Selaginella P.Beauv.

　　这个属下很多种都比较适合雨林缸，容易生长，适应性强，基本不需要太多照顾就能长得很好，而且有些种的颜色会根据温湿度和季节发生变化，呈现出绿色、蓝色、红色、粉色、褐色等，只是后期需要注意修剪，因为很容易就会爆缸。缸内上中下层都可以种植。

　　通用湿度💧高于60%。

　　适宜温度💧18 ~ 26℃；

　　可忍受温度💧5 ~ 30℃。

蕨类植物门

Pteridophyta

　　这个类别很大，就不挑特定的某一种写了。蕨类应该是雨林缸内运用的最多的植物了，蕨类植物分布广，形态也很多，生活的环境也是每种都有差别，这里给大家简单地区分一下如何分辨你养的蕨类是陆生还是附生。

　　大部分陆生或者半附生蕨类都会有比较细长的须根，比如常见的铁线蕨、贯众、凤尾蕨、鳞毛蕨、乌毛蕨等；而附生蕨类多半会有比较短的根和长的走茎或者明显的营养叶，比如瓦韦、狼尾蕨、水龙骨、槲蕨、鸟巢蕨、鹿角蕨等。大部分蕨类都可以很好地适应缸内的环境。

凤梨科

Bromeliaceae Juss.

　　这里介绍的是凤梨科 *B* 属（*Neoregelia*）凤梨，不包括 *V* 属和 *T* 属的空气凤梨，它算是雨林缸里最常见的植物了，因为色彩鲜艳，容易栽培，所以成为很多玩家开缸必选的植物。但是这类植物养活容易，养出好的状态却很难，很多玩家养一段时间后鲜艳的颜色就变成绿色或者株型变得很奇怪。这是因为大部分凤梨科原产地的环境温差很大，虽然现在市面上能买到的基本都是园艺种，但是对生长环境的要求并没改变。它们不只是需要很强的光照，还需要昼夜温差才容易发色，适合缸内顶层。

　　适宜温度💧18 ~ 28℃；

　　不能忍受长期5 ~ 10℃或者高于30℃的温度。

秋海棠属

Begonia L.

秋海棠属因为种类繁多，色彩多变，种植和繁殖容易，成为雨林缸内常见的植物之一，适合缸内中下层。部分原种对湿度要求高，喜欢稳定的环境，有些叶片在合适的温度和光线下会呈现反光的蓝色或者绿色，部分幼叶和成体叶片完全不一样，观赏价值高，可以杆插叶插。

通用湿度◊75% ~ 90%。

通用温度◊20 ~ 28℃；

可忍受温度◊5 ~ 30℃；非热带的一些种可以低至0℃。

蜂斗草属

Sonerila Roxb.

蜂斗草属是近几年比较流行的小型观叶植物，和秋海棠的饲养方式差不多，但是体型大多数都比秋海棠属小。适合缸内中下层，叶片精致耐看，变化也比较多，同种有可能会有完全不一样的斑点或者花纹。比较喜欢通风良好的环境，可以杆插叶插。

通用湿度◊65% ~ 85%。

适宜温度◊20 ~ 28℃；

可忍受温度◊5 ~ 32℃。

圆币椒草

Peperomia rotundifolia (L.) Kunth

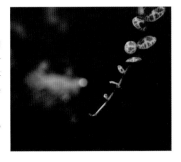

胡椒科草胡椒属的小型爬藤植物，小巧可爱的叶片非常耐看，适用于缸内中上层。肉质圆形的叶片带有花纹，可以透过叶片看见内部组织。可以杆插叶插，怕冷，长期低于5℃会死亡。环境合适会生长迅速，容易爆缸，要注意定期修剪。

通用湿度◊湿度太高叶片会变小，花纹也会消失。

适宜温度◊20 ~ 26℃；

可忍受温度◊10 ~ 30℃。

心叶蔓绿绒

Philodendron hederaceum (Jacq.) Schott

　　小型的爬藤蔓绿绒，叶子有金属质感，会根据光线的强弱改变颜色，耐看型，适用于缸内任何角落。自己会慢慢爬上去，生长快速，小缸需要定期修剪。可以杆插。
　　适宜温度 18 ~ 26℃；
　　可忍受温度 10 ~ 30℃。

电光拟线柱兰

Macodes petola (Blume) Lindl.

　　拟线柱兰是几种属的陆生兰统称，包括：开唇兰属（金线莲属）*Anoectochilus*、血叶兰属 *Ludisia*（*Haemaria*）、斑叶兰属 *Goodyera*、彩叶兰属 Macodes 和杜辛兰属 *Dossinia* 等。它们的叶片会有一种天鹅绒般的质感，配合由内部细胞反射出光线组成的叶脉，显得格外的出彩。在缸内最好不要深埋，会比较容易烂根，怕冷怕热。
　　通用湿度 肉质根茎比较怕高湿度。
　　适宜温度 22 ~ 26℃；
　　可忍受温度 12 ~ 28℃。

天胡荽

Hydrocotyle sibthorpioides Lam.

　　一种小型的铺地植物，小巧的叶片，多用于水草造景，野外陆生，可转水，可以杆插叶插繁殖。缸内适用于所有区域，种在上层会垂掉下来，呈瀑布状，但是生长快速。种荚成熟后会到处散落种子，容易爆缸，需要定期修剪。
　　适宜温度 18 ~ 26℃；
　　可忍受温度 0 ~ 30℃。

苦苣苔科
Gesneriaceae Rich. & Juss.

苦苣苔科是一个大科，下属种非常多，雨林缸内种植的比较多的是观花种，常见的有：岩桐属 *Sinningia*、石蝴蝶属 *Petrocosmea*、喜荫花属 *Episcia*、非洲堇属 *Saintpaulia* 等。产地不同，饲养方式不同，部分种会休眠，有些种花期很长，而且会不断地开花，观赏价值很高。大部分可以叶插繁殖。

通用湿度💧基本都需要高于 65% 的湿度。

适宜温度💧这里要说一下，有些种对高温很敏感，比如很多石蝴蝶属的种就很怕热，有些种高于 26℃ 就会慢慢衰弱死亡。所以买回来之前尽量先了解产地信息，考虑适不适合缸内再入手。其他常见种适宜温度为 18 ~ 26℃；

可忍受温度💧10 ~ 30℃。

雪花属
Argostemma Wall.

雪花属为茜草科小型雨林植物，原产地多为林下陆生或者半附生，这个属很多种都是叶片上多有花纹或者斑点，比较有观赏价值，未命名的种很多。可以杆插叶插，适合缸内中下层，喜欢有良好通风的位置。

通用湿度💧太湿的环境下，叶片会提前脱落。

适宜温度💧22 ~ 28℃；
可忍受温度💧10 ~ 30℃。

凹唇姜属
Boesenbergia Kuntze

凹唇姜属为小型观叶植物，很多种的叶片都比较好看，走茎生长，花期很短，有些种开花只有几小时，所以很容易忽略。比较怕冷，低于 15℃ 会卷叶停止生长，喜欢疏水透气的基质，对环境湿度要求高，适合缸内中下层，会根据不同光线改变叶片的颜色。

适宜温度💧22 ~ 26℃；
可忍受温度💧18 ~ 30℃。

紫金牛科
Myrsinaceae R. Br.

　　大部分的紫金牛都属于小型灌木，它们有着木质的茎杆，热带雨林里的紫金牛部分都长着华丽的叶片，有斑点、条纹、质感、绒毛、凹凸等多种特点，所以成为很多雨林缸内收集的物种之一，特别是紫金牛属的植物，开花授粉后会结颜色鲜艳的红色果实，适合缸内底层位置。杆插繁殖，部分可以叶插。

　　适宜温度 18 ~ 28℃；
　　可忍受温度 10 ~ 32℃。
　　国内一些种可以忍受很低的温度 -3 ~ 5℃。

谷精草属
Eriocaulon L.

　　小型草本，在国内南方一些地区的水边常见，很适合雨林底层，而且可以以多种方式种植：水下、半水、水上都可以很好地生长，容易种植而且耐看。国内的大部分种都可以忍受比较低的温度。

　　适宜温度 20 ~ 28℃；
　　可忍受温度 0 ~ 30℃。

原沼兰属
Malaxis Solond.ex Sw.

　　原沼兰属野外环境多为陆生，部分半附生。缸内适合底层位置，常见的有紫叶沼兰、兰屿沼兰、美叶沼兰、洛维沼兰等。国内一些沼兰冬季会休眠，叶片会脱落，只剩下肉质茎，第二年回暖会重新长出叶片。缸内种植时注意不可深埋，不然很容易烂根，喜欢比较疏水透气的基质，或者直接放在草炭土上就可以。

　　适宜温度 18 ~ 26℃；
　　可忍受温度 5 ~ 30℃。

千年健属
Homalomena Schott

千年健属为天南星科下的一个属，也叫春雪芋属，这个属的特点是很多叶片会有天鹅绒一般的质感，野外常见于热带林下，对光线要求不高，不同的光线下，叶片会反射出不一样的颜色。茎秆位置容易长出分株，缸内适合中下层。

通用湿度💧高湿度环境下很容易爆根。

适宜温度💧18 ~ 26℃；

可忍受温度💧8 ~ 30℃。

展苞落檐属
Bucephalandra Schott

展苞落檐属为天南星科的小型雨林植物，水草造景会经常用到的一种植物，原产地多半生长于溪流附近的岩石上，少部分会生长在水下。本属基本所有种都可以转水下，水下叶和水上叶有明显的区别，野外种类繁多，多数未命名，产地破坏严重，很多种已经在野外灭绝。缸内适用于底层或水下、半水，水下对水质要求较高，所以还是推荐陆地种植，生长比水下快。开花小而精致。

适宜温度💧22 ~ 26℃；

可忍受温度💧15 ~ 30℃。

狸藻属
Utricularia L.

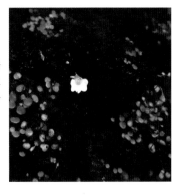

狸藻属为食虫植物的一种，有捕虫囊，雨林缸内精灵一般的存在，多数是非常小的叶片和花，不同种分水生、陆生、附生，但是大多喜欢湿润的环境。陆生种野外多见于溪流附近，水生种和附生种喜欢较强的光线，环境合适会不断地开花，比较怕热。

适宜温度💧18 ~ 24℃；

可忍受温度💧5 ~ 28℃。

掌叶薜荔

Ficus pumila var. *quercifolia*

掌叶薜荔是缸内中上层小型爬藤植物，常用于背景和沉木上攀爬。初期生长较慢，一旦适应缸内环境后会快速生长，需要定期修剪，不然会覆盖其他植物，导致其他植物状态不好。对于养不好苔藓的玩家来说，掌叶薜荔是个很不错的选择。可杆插叶插繁殖。

适宜温度💧 20 ～ 28℃；
可忍受温度💧 10 ～ 30℃。

水晶花烛

Anthurium crystallinum Linden & André

水晶花烛为天南星科下的一个属，中小型半附生植物，适合中大型缸。缸内上中下层都比较合适，因为半附生，所以对基质有要求，如果种下层，尽量选颗粒型疏水透气的介质。缸内湿度比较高的话可以裸根饲养，但是前期需要用竹签或扎带固定植株，等根系稳定再拆下来。

适宜温度💧 22 ～ 26℃；
可忍受温度💧 15 ～ 30℃。

荧光蔓绿绒

Philodendron verrucosum

荧光蔓绿绒为天南星科中大型攀附型植物，因为叶柄会有很多绒毛，也有人叫腿毛蔓绿绒。本种杂交的品种和自然种比较多，叶型和颜色都会有差异。环境适宜，一年可以长 50 多厘米，所以在缸内要定期修剪。可以杆插繁殖。

适宜温度💧 22 ～ 28℃；
可忍受温度💧 12 ～ 30℃。

虎耳草

Saxifraga stolonifera Curtis

　　虎耳草是最常见的小型观叶植物，容易饲养，对养分需求低，如果缸内有肥会长得很快，匍匐枝繁殖，需要定期修剪。缸内适用于所有空间，温湿度忍耐性高，对新手友好，是很难养死的植物之一。

　　适宜温度💧22 ～ 28℃；

　　可忍受温度💧0 ～ 33℃。

白脉椒草

Peperomia tetragona Ruiz & Pav.

　　白脉椒草是花市常见观叶植物之一，原产南美洲，胡椒科草胡椒属，半附生，缸内适用于中上层，生长快速，需要定期修剪。喜欢通风良好的环境，可以叶插杆插。

　　通用湿度💧对湿度要求低，长期湿度过高容易掉叶或者融叶。

　　适宜温度💧22 ～ 26℃；

　　可忍受温度💧12 ～ 30℃。

吐烟花

Pellionia repens (Lour.) Merr.

　　吐烟花是荨麻科赤车属下的一个种，赤车属下类似的种有 3 ～ 4 种，形态、颜色和花纹不一样，是比较冷门的观叶植物。花期雄花成熟后会爆出花粉，会有一小团烟雾的效果，故名吐烟花。缸内容易爆缸，走茎生长，环境适应后生长迅速，需要定期修剪。可杆插叶插。

　　适宜温度💧22 ～ 26℃；

　　可忍受温度💧12 ～ 30℃。

相对于水草缸和海水缸，雨林缸最出众的特点之一就是维护上要省心省力许多，在运转良好的情况下，甚至可以很长时间内不怎么用维护，只需要添加喷淋用水就可以了。

CHAPTER 03

如何维护你的雨林缸

相对于水草缸和海水缸，雨林缸最出众的特点之一就是维护上要省心省力许多，在运转良好的情况下，甚至可以很长时间内不怎么用维护，只需要添加喷淋用水就可以了。

如果缸里没有动物，或者只养了皮实的小鱼，几个月不管也不会出现什么大问题。这主要归功于科技的进步，用硬件的自动化来代替传统的手工维护。因此，再次证明好好挑选硬件设备的重要性。

虽然说是不用管，但实际上还是需要一定的维护的，本章主要讲的就是如何减少维护，以及如何进行必要的维护。

如何清洁你的雨林缸

雨林缸看上去光彩照人，但是时间久了还是会出现需要清理的垃圾，我们要做的就是让它重新恢复光彩。

首先，你需要做的就是把缸体外面的尘土擦一擦，特别是缸顶和灯之间的尘土，不要让大价钱换来的光照浪费在灰尘上面。另外，如果你的缸有风扇，或者是给灯降温用的风扇，都是尘土堆积的重灾区，需要特别注意。

然后是藻类和水渍。如果你听取建议喷淋使用的是纯净水的话，那么你的缸里应该不会有水渍，除非是缸里设计了瀑布等可能溅起水花的设置。

如果你的缸有了水渍，也很好办，用厨房纸蘸一点点白醋就可以很容易地清洁它们。不过，预防永远大于治愈，注意一点儿不要出水渍更好，毕竟擦水渍这事还是挺烦人的。

藻类是雨林缸正常运转的产物，出现时，我们在浇花时可以采用喷水壶，利用水柱把它们冲下去。如果藻类长的时间长了，恐怕就没那么容易清洁了，这时，可以用纳米擦或者钢丝球清洁它们。

其实预防藻类的形成也很容易，只要通风到位，藻类就不易出现。在苔藓上出现的藻类就只能随它去了，除非你用生物防治，这个在后面章节会说到。

如果你的雨林缸有水体，那么水下部分也是需要清理的。一般的方法就是直接买几百只黑壳虾扔下去，然后水体基本就清净了许多。

霉菌是雨林缸开缸初期经常遇到的问题，主要原因往往是：使用了没有消毒或者不适合雨林缸的素材；通风不足导致局部过于潮湿；植物没有适应环境，死亡植株霉变等原因。霉菌非常影响雨林造景的观感，而且还会越长越大，所以最好在第一时间处理掉。

通常的办法就是用水柱冲洗掉霉菌，可以采用多菌灵喷洒在缸内，但是这对缸里的益生菌群和微生物是致命的打击，也不适用于缸里养殖了动物的缸体。可以考虑在缸内引入跳虫、鼠妇等处理缸内霉菌，有助于恢复缸内生态平衡。

如何修剪缸内植物

　　做好的雨林缸非常适宜植物生长，所有植物在缸内都能够肆意地生长。但是这对造景的视觉效果不一定有益，需要通过及时修剪才能让植物按照你设计的样子生长。特别是一些生长比较快的植物，稍微不注意可能就爆缸了，难看还是小问题，把其他植物的空间覆盖，导致其他植物无法生长是更大的问题。所以，如何修剪缸内植物便显得尤为重要。

　　首先，特别提示一点，就是千万不要对缸内的杂草手软。这里所说的杂草主要是缸里土壤或者苔藓中带入的蕨类、菊科植物、冷水花属的植物，它们生长很迅速，而且往往生命力旺盛、繁殖快，一旦初期没有得到很好的抑制，就能通过地下茎的蔓长满全缸。

　　很多朋友们在开缸之初，觉得缸里有新鲜的小草生长看着很舒服，就任它们生长了，结果到后期根本除不干净，后悔不已。

所以初期如果在缸内看到了不是自己栽种的植物，不管它看起来多娇嫩可爱，一定要毫不犹豫地将之连根除掉。

其次，就是要对生长旺盛的植物进行修剪了。很多自己种植的观赏植物虽然不是杂草，但长起来可比杂草还快。地生的秋海棠、卷柏、冷水花、网纹草，蔓生的吐烟花、薜荔、纽扣蔓椒草，一不留神分分钟都能长满全缸。有经验的玩家一般不会种植这类植物，特别是冷水花和网纹草——虽然价格很便宜，也并不难看，但是你要付出很多辛勤的劳动才能让它们不爆缸。

如果你种了这类植物，那么经常修剪就是必要的工作了。

对于地生植物来说，要把它向周边延伸的茎叶无情剪断，因为它们会迅速地侵占其他植物的领地。同时也要把那些过于茂密的叶子剪除，因为过多的叶子重叠会导致下层缺乏灯光，产生很多腐败死亡的叶子，影响观感。不过也有很多玩家追求这样的自然生态。

对于蔓生的植物来说，修剪时要注意把顶芽打掉，这样爬藤植物会长出更多的分枝，迅速覆盖背景。在爬藤让你的缸丰满起来之后，就必须要把长出来的多余枝条剪掉了，否则蔓生植物疯狂起来，爆缸的速度比冷水花还要快得多。

别看它们初期还很可爱，长疯了就控制不住了。

前景草和苔藓也需要经常修剪，别看苔藓在缸里难以生存，湿度低一点儿就发黄、高一点儿就发黑。但是一旦长好了，经常会迅速地长出好几层来，因此时常对苔藓进行修剪也是必要的。

前景草中一定要注意迷你矮珍珠这种植物，虽然它既细腻又绿得可爱，但是一年的时间就可以层层叠叠长出几厘米厚。然后从下层开始腐烂，导致地面坑洼难看，所以偶尔还是需要修剪一下"草坪"的。

减少维持阶段修剪次数的方法，一是要尽量避免种植这种生长比较快的植物；二是在开缸的前期勤劳一点儿，把杂草处理干净。如果这两点都做不到，而你又比较懒，不想经常修剪，那不如就听之任之，反正疯狂生长的雨林缸也不失有着野蛮的美感。

为雨林缸维持合适的温度

说是热带植物，其实它们非常怕热，因为在雨林环境里，平均温度不会很高，并且一些雨林处于高原地区，那里的植物可能更适应 20 ~ 24℃的温度。这个温度对绝大多数城市的夏天来说都是难以满足的，这就需要人为控制温度。

顺便澄清一个观念，虽然是热带植物，但是雨林植物并没有那么怕冷，只是不喜欢寒冷而已。只要不是持续低温或者低于零摄氏度，10℃左右的低温环境对植物造成的影响可能仅仅是生长停止而已。但即便如此，为雨林缸维持一个适宜的温度，也是非常必要的。

冬天的保温措施

北方室内有暖气的可以适当跳过这个章节，因为暖气可以为雨林缸提供非常适宜的温度，只要保证水分不过分流失即可。相比较而言，冬季反而是北方最适宜维持雨林缸最佳状态的季节。

照明灯具

一般来说，缸内的照明灯具会帮助保持缸内的温度。注意，这里说的不是加温灯，包括爬宠用的陶瓷灯、红外灯、月光灯、太阳灯等，这些都尽量避免使用在雨林缸内，因为雨林缸内需要相对高的湿度，而这些加温灯具都会消耗掉湿度，导致一些植物脱水枯萎。上文提到过，雨林植物不怎么怕低温，而低湿度绝对是雨林植物的大敌。用了加温灯，加温效果有限不说（往往只限于近距离），反而会伤害到植物。

这里说的照明是指雨林缸顶使用的主照明灯，正常使用下的热辐射和散热。在冬季，可以把缸顶的通风口减小一点儿，这样这部分热量就会聚集到缸体顶部，使缸内温度高出室温 3 ~ 5℃。

这时你需要做的就是缩减通风。

晚上，灯光熄灭，热量也就消失了。但是这时候植物处于休眠状态，新陈代谢较慢，因此温度低一点儿是可以接受的。但是这只是适用于秋季的温度环境，如果温度继续降低，就需要其他的手段了。

鱼用加热棒

很多玩家都喜欢给自己的雨林缸留一个水体，一方面是由于国人对山水的爱好，另一方面水体里也能养点儿小鱼小虾，让雨林缸里更有生气。

冬天来了，就让这水体发挥点作用吧。

很简单的办法，在水里放一个功率大点的加热棒（大小要符合缸体大小）。温度调高点儿，这样水蒸气会维持缸内温度高于室温。

这样做不但加温方便快捷，而且水蒸气还能维持湿度。但是也存在一些缺点，比如说：

第一，加温会导致缸里水体水面下降迅速，所以需要更多注意水面，并且注意使用防爆加热棒。

第二，加温会增加湿度，注意你的玻璃门会不会一直有雾气。

第三，用于雨林缸加温，加热棒的温度要调高一点儿，水体里的生物能不能忍受高温需要考虑。

第四，也是最重要的，效果被水体所限制。如果你的缸体大，而水体小，那么水体没法容纳更大的加热棒，效果就没有了；而小的加热棒根本没有效果。

比如说缸是 120 厘米 ×60 厘米 ×90 厘米的，水体高 15 厘米左右，用了 300 瓦的加热棒，温度调在 28℃。这是在屋内没有供暖的情况下，室内温度大概 0 ~ 10℃的时候使用的，如果温度再低，加热棒怕是不够用了。

加热辅助设备

加热辅助设备有以下几种，分别介绍一下。

先说最简单的——加热垫。这个设备只适用于小缸，大于 60 厘米的缸就不太管用了。

买来加热垫，配上反射膜，固定在缸体侧面，注意反射膜贴在加热垫外面。这样做的优点是方便易操作，而且制造出了温度差，有利于缸内的小动物们找到自己舒适的区域；缺点是，这样加温同样有局限，而且湿度下降很快，需要额外加湿。

下一个设备是加热线。用加热线加热是一种不太有人用的加热方式，其实，这种方式是值得推荐的：第一是加温均匀，第二是价格便宜。

不知道加热线的可以搜索一下，现在温室都用这个，技术已经很成熟了。有的大型雨林缸也在背景和基质里预埋了加热线，以便在冬季加温。

另一种方法是，利用缸体的自然吸气加温。

注意这个缸下面那个像理发店标志的螺旋棍。这是国外玩家养爬宠经常用的方法，避免了局部加温过多以及加温器与爬宠直接接触。方法是用加热线均匀缠绕 PVC 管，固定在缸体前通风的下方（注意这个方法只适用于水平通风条的缸体）。这样，热气上升加上缸体的自然吸气效应会把热气吸进缸内，提升温度。不过也会降低湿度，同样要注意加湿。

接下来要介绍的设备是热风扇。这种设备适合小缸使用，需要注意的是使用后湿度下降得可怕，如果没有辅助加湿，最好别用。

还有一种加热辅助设备——暖气和空调。

如果家里缸多（很多雨林缸资深玩家都是这种情况），单个加温显然没有直接提升环境温度容易操作，电暖气、油丁、空调都是可选项。

冬天加温的方法还是挺多的，怎么用看自己具体情况吧。

夏天的降温措施

这里所说的降温，都是以珍贵一点儿的雨林植物为前提的，这些植物怕热，也怕一些新手常用的"降温"手段祸害。

如果你说缸里都是网纹草、冷水花、袖珍椰子花、市竹芋，那么放心吧，你不降温，这些植物也不一定会死，因为这些植物真的很不容易死。

再退一步讲，即使死了再换一批也不可惜。不过苔藓是一个比较大的问题，它们怕热。

接下来要讲的都是一些新手玩家的"奇思妙想"，放在这里讲有助于入门者避免弯路。

通风

通风是一个夏天降温的好方法，但是注意，这里说的通风不是人们所说的"多开风扇通风"。

没错，雨林植物是怕热，但是对比起来，它们更怕干燥。如果为了降温而加强强制通风，看着缸里温度是下去了一点儿，但是湿度下去得更快，很可能导致植物就这么干死了。还有人说为了降温24小时开风扇，这就是嫌植物死得不够快了。

加强通风是有方法的，前提是一般使用成品缸。缸的前面有个前通风条，上面有顶网（换成顶部玻璃的可以考虑留通风网），在缸里热力的作用下，缸体内部产生"烟囱效应"，自然吸气，把热气吐纳掉，这样是会带走一些热量的。即使这样，仍然要确保缸体的湿度不降低，这样的前提是，你的缸里植物已经稳定，蒸腾作用正常，能够维持蒸发的湿度的情况下才可以更加稳妥。

所以，我们所谓的通风是在保证湿度的前提下，适当扩大缸体的开放度，靠自然吸气的方法完成的，千万别用风扇。

能不能用风扇？
能！
怎么用？
多喷淋啊！

事实上，在一定情况下增加喷淋确实能有一定的降温作用，不仅降温，还能补充因高温而蒸发掉的水分。

需要注意的一个问题是，高温加高湿度是对植物更加致命的组合。在高温下，植物所处环境如果过于潮湿，非常容易发生烂根或者烂叶的情况。而在这种情况下，细菌又滋生得特别快，进而导致发霉之类的问题。

夏天高温下，干燥固然不行，湿度高会更危险，所以对于大众类的植物而言，温度高的情况下，宁可稍微干一点儿，也别太湿了。

还有一些同学想到了好办法，把冰块扔到了喷淋水箱里降温。

你们没听说过正午不要给植物浇水吗？本来植物热着呢，你一盆冷水浇上去，根部立刻热胀冷缩，植物也这么玩完了，跟着一起遭殃的还有水里的水草和鱼虾。

这也不行，那也不行，到底应该怎么做呢？

开空调

最好的方法当然是开空调了！这样做对家里缸多的玩家更有利，因为这样长时间开空调还算经济些，比给每个缸上设备省事多了。如果因为高温死个好植物或者爬宠，可能比电费的损失要大得多。

也有人用移动单匹空调单吹缸的，相对来说经济一些。

方寸之间
雨林世界

放冰袋

这是一个简易的方法，对于小缸有效，就是把冰袋（保鲜用的那种，不是装满冰块的冰袋。）放在缸顶，通过冷气下降的原理降温，效果还是不错的。但是冰袋一般也就管用 4 小时，需要及时更换。这个方法也只适用于小缸，大缸不适用。

吹风扇

这个方法是对着雨林缸内的水体架风扇，利用蒸发水分来降温，这样在大型雨林缸里更为适用，因为规避了湿度变低的问题。相似的方法在水草缸上应用了很久，也能解决一部分雨林降温的问题。不过，雨林缸太小的话不能使用这个方法。

冷水机

不失为一个办法，把冷水机接在雨林水体里，但是效果一般，不过比把冰块放在水里要好得多。当然如果在大缸配合了水体风扇则更好。

水帘风扇

水帘是现在一个很成熟的技术，广泛应用在大棚和温室里。大家逛花鸟鱼虫市场的时候，如果是大棚的那种，可以观察一下，很多地方用的是水帘风扇降温。原理一般是在大棚一侧装上水帘，另一侧加负压风扇，利用风迅速通过循环水的方法实现降温。当然市面上也有更简单的工业用水帘风机，直接安装就行。

　　优点是比空调便宜，比空调省电，吹的是富含水汽的风，不会牺牲湿度。利用这个原理，我们完全可以花 200 块钱左右买一个家用的冷风扇，打开对着缸的前通风吹。不过这个局限性也很大，比如没有前通风的缸效果就很小。

　　市面上有袖珍版的冷风扇，同样是利用水蒸发带走热量的原理。相对小巧的设计可以结合导风系统把冷空气引进缸内，形成降温。

　　高手玩家怎么弄呢？他们直接把水帘做到缸里。在缸的一侧开一个小口，外接一个风扇加水帘。这样做更容易操作一些，不过也有缺点，就是水帘的面积太小，造成降温效果不明显。不过，这里就体现了冷水机的作用，把冷水机加在水帘的储水箱里，效果非常明显。实测在北京最热的时候能够保持缸内温度 25℃，湿度平衡。

缸内的 "不速之客"

雨林是有生命的，雨林缸里既然是一个微型的雨林生态圈，那么有一些小生命出现你也千万别意外。

开缸之初，土壤或苔藓难免带进来一些小生命。而在雨林缸的维持期，缸内的优越环境也会吸引一些 "游客" 进入，它们有些是对缸内环境有帮助的，有些则是对植物有害的。

为了更好地维持缸内环境，也为了保护野生环境，建议缸内种植主要选择以人工大棚养殖的植物为主，尽量避免使用野采植物，并且在植物入缸前要用高锰酸钾溶液进行消毒。

如果这些小生命已经进入缸内了，那么除非是危害很大的害虫，否则不建议使用化学手段消灭它们。因为这样做的同时也会清除掉缸内的益生菌群与微生物，这些都是缸内环境稳定运行的好帮手。

接下来介绍几种有益的"朋友们"：

跳蛛

想必大家都知道小蜘蛛卢卡斯吧！那就是以跳蛛为原型创造的卡通形象，它们是如此可爱，以至于有人专门去购买跳蛛放在缸里，作为宠物饲养。雨林缸在运行阶段会吸引一些小飞虫，而这些小飞虫就吸引了跳蛛来这里作客。如果缸里有跳蛛，那是一件好事，证明你的缸里环境非常舒服，并且它可以非常勤奋地为你消灭绝大多数讨厌的小飞虫。等飞虫清理干净，跳蛛也会主动离开你的缸。

跳虫

主要指弹尾目的一些非常细小的虫子，它们因在受到惊吓时会跳跃而得名，在雨林缸里很不起眼，但

是却对缸内生态起到很重要的作用。一方面，跳虫会积极地清理掉雨林缸内腐烂的代谢垃圾；另一方面，跳虫主要以真菌为食，它们可以轻松地清理掉你缸内的霉菌，并且抑制缸内动植物腐败产生的糟糕味道。

鼠妇

就是我们常说的潮虫，有很多人认为这种虫子很恶心，说实话是有一点，但是它们对雨林缸内的环境能够起到非常大的作用：不但可以清理垃圾，还能吃掉很多害虫的卵，并且帮助缸内营养循环，是非常有用的小帮手。

现在很多人会购买国外的一些高端鼠妇品种进行饲养，其中一种是热带的小型品种，在缸内不易被看到。如果对虫子不那么反感，可以考虑引入一些，帮助维持缸内生态。

蚯蚓

蚯蚓就不用多介绍了吧，说实话雨林缸代谢的废物不多，蚯蚓很难长时间存活。但是开缸初期，或者大型缸体内还是可能有蚯蚓被带入缸内的，如果看见了就留它们一条性命吧，因为它们也是为你的缸清理垃圾的小能手。

热带食藻螺

这是一种非常有用的小生物，作为螺，它不吃你种植的植物，专吃缸内滋生的藻类，可谓是非常专业的清洁工。这样的食藻螺其实有很多种，但是身材娇小、不影响造景观感的不是很多。其他的种类只要你不排斥，其实也可以养，一样能起到清洁的作用。

小贴士

在自然的雨林生态当中，土壤、腐殖质中都有着大量的益生菌群和多种小型动物，它们分解雨林代谢废物，产生对植物有益的物质和养分，成为能量循环中重要的一环。但在我们的雨林缸里，这样的菌落和微生物确实比较缺乏，只能靠我们逐步地培养和建立。

一个成熟的雨林缸在长期运转后，内部会自然地生长出这样的生态群落，但是过程非常漫长，而且中间往往不可避免地产生发霉、异味等问题。

为了加速生态循环的建立，我们可以采取不同方式引入这样的生态群：

第一种方法是最简单的，就是在新开缸时用一些自己以前老缸的土壤基质，或者是去找一些老玩家要一点他们的土壤。微生物和菌群会通过这样的方式自然接种。但是千万不要从野外带土壤进入缸，虽然这样可以带入益生生物，但是同时也会带来害虫，破坏你的植物和生态。

第二种方法可以在市面上购入一些雨林缸的益生菌产品，不过现在市场上这些产品的质量良莠不齐，需要玩家有一定的鉴别能力。

同时，大家也可以依照上面所描述的生物种类，找老玩家要一些小动物的群落，直接放在缸里，让它们自然繁殖和适应，为雨林缸带来接近自然的平衡生态。

缸内小生命繁多，有有益的小帮手，也会有讨厌的小捣蛋鬼。

蕈蚊

我们经常可以看到的"小黑飞"，其实就是蕈蚊，这也是开缸初期我们很容易看到的一种小生物。它们的卵往往夹杂在土壤和苔藓中被带进缸里，不久后孵化出来，成为缸里非常令人讨厌的"客人"。不过除了看起来让人很烦，它们却没什么其他危害，而且也易于清除——一般来说在开缸初期勤快点把它们除掉，后期就不会再有蕈蚊出现了。

如果觉得手工清理太麻烦，或者缸里"小黑飞"太多的话，可以考虑引入跳蛛、幽灵螳螂和小型蛙类来除掉它们。另外，如果缸里没有打算养其他生物，雷达杀虫剂可以让你迅速摆脱它们的烦扰。

蟑螂

缸里的植物也很可能带进来蟑螂的卵，而且缸里的环境实在太适宜蟑螂生长了，所以它们很容易在缸里长久居住。通常情况下，蟑螂是可以帮助清理缸内垃圾的，但有时候也会吃掉缸里植物的嫩芽，所以也不怎么受欢迎。

蟑螂非常会躲藏，爬行速度也很快，所以生物防治未必能有效，药物效果比较明显。不过很多热带蟑螂与我们日常见到的小强不太一样，有人专门购买来当宠物养呢！

蜗牛／蛞蝓

　　这应该是缸内最让人头疼的生物了，大部分的蜗牛和几乎所有你能见到的蛞蝓都会对你的植物造成非常大的伤害，特别是对兰科植物。它们会在夜里出现，把植物的幼苗和嫩芽吃掉，然后白天躲起来，你根本找不到。

　　它们的繁殖能力超强，难以根除。有一种办法是用嫩黄瓜来诱捕它们，从而控制它们在缸里的数量，但是这也是治标不治本。不过如果缸里没有其他生物，可以用四聚乙醛的粉剂清除它们。

纽虫

这是很多玩家非常反感的生物，它们在潮湿的环境中大量繁殖，靠捕食缸里的小虫子为生。它们会吐出黏液来麻痹猎物，然后吸干汁液，所以，它们出现的环境里经常有很多虫子的空壳。恐怖的是，在熄灯后，它们会成群结队出现在缸壁上，场面非常恶心。

现在还没有什么特别好的办法能去除它们，唯一似乎有效的办法是把雨林缸维持在比较干燥的环境中一段时间，但是这取决于你的植物能否长时间承受这样的环境了。

蜘蛛

与跳蛛不同，蜘蛛是雨林缸里不那么受欢迎的"客人"。蜘蛛会在很多地方结网，不但破坏你的造景，还非常难清除，因为一般的雨林缸居民都不以蜘蛛为食（除了某些种类的跳蛛）。除了用药外，似乎只有靠人工勤奋地清除它们了。

螽斯 / 蟋蟀 ————————————————————————

　　偶尔螽斯或蟋蟀的卵会被带入缸里，等它们长大后吃起植物来简直像推土机，往往很大一片植物在一夜之间就消失了。好在它们幼小的时候活动缓慢，容易被发现，所以在开缸初期一定要注意观察，发现后立刻消除。

看到这里，也许你会想接受更高的挑战，来为一些不同场景制作雨林缸景观。这一章就是站在雨林缸专业从业者的角度，来阐述生态景观在实际生活场景中的分类、基本流程、基本要求、表现形式以及未来发展趋势等。

不同场景下的
雨林缸

CHAPTER 04

看到这里，也许你会想接受更高的挑战，来为一些不同场景制作雨林缸景观。这一章就是站在雨林缸专业从业者的角度，来阐述生态景观在实际生活场景中的分类、基本流程、基本要求、表现形式以及未来发展趋势等。

结合前面章节中关于制作生态景观的细节、要点，对于在现实生活中曾经遇到过以及可能遇到过的问题提出了一些自己的观点，同时依照以往大量大型生态景观搭建的经验，就未来生态景观的发展趋势进行一定的设想。

家居环境

家居环境是指在日常起居过程中遇到的可以搭建生态景观的环境，按照家居场景分类可以分为客厅、卧室、阳台、书房以及其他。

客厅

　　一般情况下，客厅是搭建生态景观的优良载体，按客厅位置分，又可以分为玄关、沙发转角、电视机柜、餐桌背景等细分场景。

　　其中玄关是选择较多也是最适合生态环境搭建的位置之一。国人讲究开门见山，也讲究藏而不露，尤以苏式园林为甚。进门处往往置一玄关照壁，推门而入的锋芒至此而休。兜兜转转往玄关后却是豁然开朗，别有洞天，道一句"好一处桃花源"便大抵是这个意思。

　　随着时代变而迁之的是年轻一代对于新事物的认可，于是乎，把传统玄关处的风水摆件、假山盆景替换成生态景观，就是水到渠成顺应潮流的一件事。

　　除此以外，沙发转角往往利用率低下，中式的摆一博古架，放些也许自己也看不明白的文玩字画，西式的摆些纪念品或是咖啡机，好玩好收集的摆些便宜的收藏（多半不会放贵重之物），喜欢吃东西的也许会摆些瓜果零食。

　　总而言之，沙发转角往往缺乏设计缺乏生机，千万别说摆些花草，没有合适光照的花

草就相当于慢性死亡。也许你会说，可以每日把花草搬进搬出，权当锻炼身体，那咱们不必在这里讨论这些便是，在这儿，我们论的是为什么可以在沙发拐角处摆放生态景观。

另外，在电视机柜、餐桌背景等地方放置生态景观也是合适的选择。生态景观的存在不仅仅可以替代传统花草盆景，更是一种理念上的完全升级，无论是从持续性还是艺术性角度出发，生态景观的发展都符合经济走强的大背景。

卧室

卧室作为日常起居必定会使用的场所，承担了我们生活中近乎 1/3 的使用时间，但是从使用特点上来说，卧室不太适合生态景观搭建。

其一，植物在夜间无法光合作用。人们在呼吸过程中吸入氧气呼出二氧化碳，导致景观周围氧气浓度比白天低。同样，我们在卧室中进行睡眠活动的时间比例最高，往往长达 7~8 小时，在此过程中我们机体的活动减缓，但是呼吸活动依然正常进行，而此时不断下降的氧气含量会使睡眠质量以及睡醒后的机体舒适度有所下降。

其二，生态景观的运转普遍需要比如水泵之类的设备保持 24 小时运转（纯陆景观除外），在白天噪音较多的情况下，低分贝或者近乎静音的设备运转声音不会让人有不舒适的感觉，然而在夜间深度睡眠的情况下，低分贝的声音也容易被放大成比实际分贝更大的噪音——对于睡眠较浅的人群来说，这无异于折磨。

其三，生态景观难免会吸引一些昆虫在其中繁衍生息，比如蟋蟀、跳蛛、蜘蛛、潮虫、跳虫、黑虻等，虽然从生态角度而言，这些昆虫帮助建立并且维持了整个生态景观的平衡，是景观不可或缺的重要部分，但是从一般居民的角度而言，在卧室中出现昆虫（至少是高频率遇到）是无法接受的。

虽然有些人认为这些小虫虫们其实很萌，但是架不住更多人夸张的形容，比如"到处"都是蜘蛛，"到处"都是小飞虫，"每天"都看到蟋蟀等。只能建议一般爱好者不要轻易在卧室内搭建生态景观，如果硬是要搭建，请一定做好防逃逸措施。

阳台

　　阳台是一处可以利用自然光线及温差的场所。与传统意义上的阳台花圃以及阳光房不同，阳台生态景观需要考虑的因素更多，包括但不限于阳台楼层朝向、所处地理位置的全年气候、楼板承重、阳台封闭性等。

　　相比室内的生态景观，阳台生态景观更加考验从业人员的专业知识背景和施工能力。所以，在实际情况中，很多人往往优先选择在阳台搭建传统花圃或者阳光房。

　　假如是沿海东部，冬季低温无暖气，夏季最高温度40℃，再加上阳光直射或者西面背阴，这些极端情况对任何在市面上能买到的景观植物都是一种考验。在植物选取上将会是掣肘重重，一不小心就全军覆没，更不用提养苔藓、养兰花，连养菖蒲都是一种奢望。

　　当然，以上都是在可接受成本范围内进行的讨论，要是全年365天全天候控温控湿，那自然是能养活的，只是成本太高，这就难以评述了。

书房

书房往往代表了屋主的过往以及性格，尤其对于国人而言，书房的置物更是与其品位息息相关。在生态景观尚未得到推广之前，书房的布置一般是文房四宝、书橱花架、造型山石、水洗盆器等，考究的偏重置物的年代出处，不考究的也就图个意境。

而要论意境，生态景观不遑多让。运用不同的造型凸显不同的主题更是生态景观最为本质的运用，或是溪流山石的造型，辅以静水流深的意境，一打眼便是当下流行的岁月静好的感觉。

在书房中搭建生态景观，需要注意的是湿度的控制，因为从书籍纸张的保存来说，过高的湿度会对其造成不可逆的影响。所以，选择一个封闭式的缸体能将局部湿度控制在可接受的范围之内。

除此之外，灯光的开关时间也需要随主人使用书房的时间略作调整，毕竟如果每次进入书房舞文弄墨时景观都处于关灯状态，心情和意境势必会打些折扣。

其他

　　除了上述的客厅、卧室、阳台、书房等，根据家居环境的特点，还有诸如楼梯下、飘窗、开放式厨房隔断等场所也是放置生态景观的可选之处。结合各处的特点，或是在控湿上要严格注意，或是在噪声方面需要格外上心。

　　在家居环境之中搭建生态景观相比商业或者办公环境而言，需要注意的地方要多一些。而且就景观内部植物选取、设备选取以及后期维护方面更是需要特别注意，毕竟人们每天都在家居环境中生活，把生态景观当作生活布置中不可或缺的一部分。真要是因为搭建时设计不周或者养护不谨慎，让自己家里的雨林缸开始衰败，那么肯定是影响日常心情的。

商业环境

商业环境是指在商业载体内可以搭建生态景观的场所。目前这一部分市场认知度较低，进行搭建的往往是专业雨林造景的从业人员，需要从业者拥有良好的推广能力和专业搭建能力。因为商业环境内的生态景观具有与家具环境不同的特点，比如独特性和规模性。

餐厅或酒吧

目前普通人群对于生态景观的认知还停留在欣赏和猎奇层面。于是催生了一系列抓人眼球的案例，比如四川某火锅餐厅的 30 米雨林，巧妙地利用

双面观赏的雨林缸体把就餐区进行隔离，让用餐客人在享受美食的同时也能尽览雨林美景。

　　在酒吧类场所也有数个非常经典的案例。与一般生态景观不同的是，酒吧的营业时间往往比较晚，并且在夜间不适宜开启非常强的灯光，同时也不能完全无照明，不然就失去了景观抓人眼球的存在意义。于是在这些案例里面对于灯光的开启时间、用几套灯具、分白天时段和夜晚时段开启是需要特别注意的地方。

商场或机场

　　新加坡樟宜机场把整个雨林搬到了机场内部，这也是秉承新加坡森林城市的一贯理念。转机的人群在机场里面就仿佛置身于热带雨林一样。对于生态景观的爱好者来说，这里就是他们的乐园。

　　当然，除了新加坡的特别理念以外，其地理位置和气候条件的优越性也为樟宜机场的整体生态景观提供了得天独厚的优势，要想复制，难度很大。

　　除了新加坡机场外，印度孟买机场、厄瓜多尔瓜亚基尔机场、阿根廷布宜诺斯艾利斯机场、法国巴黎机场等国际机场都在不同程度上引入了生态景观。为了打理方便，大部分是垂直植物墙，但是从市场认可的角度来看，国际机场作为城市甚至国家的名片，也是展示文化的窗口。在这个窗口名片中引入生态景观也意味着能让更多的人看到甚至爱上生态景观，这无疑是一件好事。

会所内部

　　会所作为相对来说比较私密的场所，其对于内部的装修要求非常高，无论是从装修整体氛围还是吸引客群来说，一个震撼的生态景观或者仙风道骨的中式水陆都能起到画龙点睛的作用，让静态的装修变得生机勃勃。

　　这里介绍一个工程案例：整体环境是新中式风格，也是目前市场上广受欢迎的一种风格。在整个案例中作者团队规划了一处长度接近 10 米的 L 形全敞开纯陆地雨林景观。为了维持整个景观的湿度条件，特别是地面湿度，团队采取了地下暗河和溢流的技巧让土壤保持湿润和透气，并且在基质土的选取上也做了很多的功课。

　　在植物种类的选取上也因地制宜地选取了一些特别的品种，并且在后期的维护过程中不断调整不断优化，保持整个景观在每个季节都有不同的呈现。完成之后受到了业主和来参观的访客的广泛好评。

整体办公

位于美国西雅图的亚马逊总部，是一个特别好的案例，在全球富豪贝索斯的引领下，亚马逊把总部于 2018 年 1 月 29 日正式搬迁到了一个巨型生态建筑群中。整个建筑由三个巨型球体组成，并被命名为"spheres"。

整个建筑内部有一套完整的维持生态系统，并在其中栽种了来自世界各地的植物，据说有 400 种 40000 株以上的植物。整个建筑群耗费 7 年，把雨林环境微缩至其中，同时还在其中开辟了适宜办公和洽谈的局部环境，可以说是把建筑和生态的相容性做到了极致。

大型生态景观制作的基本流程

设计规划

所谓工欲善其事，必先利其器，在大型生态景观搭建之前，做好充足的设计与预案，能最大限度地减少后期返工的问题。

设计规划除了初级的手绘稿以外，2D 效果图展示也能更好地与客户沟通，如果能制作 3D 的全景式效果图，那就是锦上添花。

除此以外，水电图、管件安装图等工程类必备的图纸也必须提前准备完毕。此处只是谈论在大型生态景观制作过程中的基本流程，小型景观的制作在前文中已有详细描述。

物料准备

根据效果图，选择适合造型的沉木以及石料。一般情况下，沉木种类的选取尽量在两种以内，分为主木与制作细节的木料，有些情况下只选取一种木料也是可以的。木料选取的偏好因人而异，这一点在前面的章节中已有阐述。

除了木料以外，石料的准备也可以按照垫底石料与修饰石料区分，在实际制作过程中，有经验的造景师会对石料的准备特别看重。一般是先按照大小形状进行排布，然后用高压水枪仔细清洗，最后晾干后才可以进入料框。未干燥的石料在景观制作过程中无法紧密黏合，这一点会影响景观的稳定性。

此外，管件、设备、生物、土壤、菌种等准备工作也需要在施工前逐一完成。

基础建设

大型景观的制作特别需要重视基建，因为大型景观翻缸的工作量与小型景观不在一个量级上。大型生态景观搭建可以粗略地分为含水域与不含水域，无论是哪一种，都需要对基建的承重与防水有一定要求。如果含有水域，那防水级别会很高；如果景观位置位于非一楼，那防水基建的级别又会增加很多。

传统防水涂料等不太适合雨林景观的底层防水，因为棱角分明的石料和木料会有破坏防水涂层的潜在风险，慢性渗水的可能性很高。当然，在制作过程中，会在底层上方分离铺设以分散重力和防止划伤，但是风险依然存在，一旦渗水，返工的工作量比重新制作一个还要大。

传统的做法是采用玻璃作为底面，这也是很多人的选择，但是在玻璃上方的接触面无法做到完全均匀，一旦出现点接触下的应力集中，那底面玻璃爆裂也只是时间问题。无论从对客户负责的角度还是从景观持续运行的角度出发，我们都强烈反对存在安全隐患的基础建设。

管件架设

基础建设完成并且经过压力试水之后可以进入管件架设阶段。与小型景观不同的是，大型景观对于管件的走势、高度落差、管件黏合、阀门设计、防抖防震、防漏电、维修区域等都需要逐一。管件的走势和落差会影响水流大小、走向，出雾顺不顺利，会不会积水等，而管件黏合、阀门设计则会影响后期返工的概率。另外，设备在运转过程中会因为震动而造成管件移位等也需要设计特别的防震设置。

曾经有过这样的经验，在制作一处大型景观的过程中就遇到了因为外置水泵与管件有轻微角度，日积月累的震动下出现了水泵轻微渗水的情况。实际上这里的问题在开始时非常轻微，天气稍微干燥点儿甚至都察觉不到渗水，但是如果不及时解决，不仅渗水情况会越来越严重，而且也会影响水泵的正常运转。

防漏电也是一样，在某景观的制作过程中，使用了进口设备导致地线未正常连接，用手接触水面时始终有轻微触电感，但是看着水中的鱼又没发现任何异常，最后把所有设备逐一排查，最终解决了这个隐患。

还有维修区域，大型景观的维修区域一定要单独设立，所有的阀门、开关都需要逐一标清楚，无论对于景观的维护还是客户的体验都是一个能区分制作水平的标准。

设备连接与测试

大型景观制作中使用到的设备包括但不限于以下类别：灯具、外置水泵、潜水泵、过滤设备、雾化设备、温度控制系统、温湿度监测系统、智能控制系统、喷淋系统、水处理系统、通风系统、补水系统、灌溉系统、溢流处理系统、油膜处理系统等。

在管件架设的同时把景观中可能用得到的设备连接起来，让所有设备在空载情况下进行运行测试。因为每一处景观面临的温湿度、光照、通风量、水质情况都不尽相同，所以在景观未搭建之前先行测试是非常必要的。有条件的进行一周的测试，没有条件的也需要进行 48 小时的测试。对于像喷淋这种设备也需要做压力测试，以免出现水压不够、水质驳杂的情况。

景观搭建

当设备运转正常后就可以进入重头戏——景观搭建了。这个环节，大型景观搭建与小型景观搭建又有很大的区别。特别是当你想做出小型景观那种造型复杂、径深分明的感觉的话，那对于造景师的整体把控、风险防范等意识要求就特别高。

当然，目前也存在一些插花式的"造景"，把木头一架，积水凤梨一绑，苔藓一铺就完事儿。既不考虑造型，也不考虑不同光照强度下植物的选取，更不考虑喷淋角度对于苔藓存活的影响，只凭着大概的感觉就把景做完了。这一点对于整个行业的健康发展非常不利。只有完全考虑景观的特点，才是一个好的造景师，光凭一时的冲动是无法胜任的。

调整及维护

　　一个优秀的造景师必定会在搭建完景观之后有中长期的调整，因为在大型景观的制作过程中势必会遇到些制作初期未能留意的问题，比如木石结构的骨架好看，但是给植物种植留的空间和基质土壤不足，或者出现光照及喷淋的死角，抑或是准备的植物因个体差异或者未养定而造成死亡……这些都是有可能出现的。

　　在优秀的造景团队的大型景观制作过程中，对于景观的维护工作是长期硬性的要求，因为造景师能够看着景观的变化做出相应的调整。

生态景观制作的进阶要求

持续性

我们做生态景观不是为了从大自然掠夺生物堆砌在人工环境中，我们要做的是用设备打造一处模拟自然生态的环境，包括但不限于温度、湿度、光照及微生物。因此，一个好的生态景观必定是可以长期运转的。每一时段的景观会有所不同，比如植物枯荣腐败、鱼虾死亡衰老，这些都是自然界中真实且必然存在的。

我们打造的不是一处想象中的伊甸园，而是《格列佛游记》中的小人国，精致的、高效运转的、稳定的局部环境。若是一处生态景观在设备正常运转的情况下仍然不能长期存在，植物除了枯萎并不见新生，那这个景观也不是一个好的景观。

艺术性

造景是一门技术，同时也是一门艺术。简单的物料堆砌是对造景的不尊重，更是对生命的漠视。我们之所以称之为造景，而不是植物养殖，是因为景观要对观赏者有欣赏的价值。

我们可以用原生造景来实现狂野的视觉冲击，但是不意味着这是植物的杂乱堆积；我们也可以用大量的积水凤梨和艳丽的色彩来夺人眼球，但这也不意味着我们要把缸体做成色彩的集合。好的造景师，要权衡自然与生活，将自然带进生活，不是从野外简单带回一些植物，而是要结合对美的理解，对自然进行自己的诠释。

独特性

　　就如同你无法在自然界中找到两片一模一样的树叶一样，所有的生态景观都是独一无二的存在。植物的选取在种类上可以做到一样，但是每一株植物的状态不尽相同；木料石料的选取可以是同一种类，但是枝丫的朝向和走势，石料的棱角和纹路都不相同。这就是生态造景的魅力所在，于千万种可能中寻找独一无二的存在，并赋予其生命的基本要素，是否让人有一种造物者的感觉呢？

生态景观在实际场景的未来趋势

我们理解，未来的生态景观将更加普及，也将更加贴近人们的生活。所以，如果在不久的将来，大多数的人家中都摆放了雨林景观，这并不让我们意外。而雨林造景必将出现更加现代化的趋势，与人们的生活相互促进共同发展。

智能化

生态景观的发展伴随着智能化硬件的发展，从最开始探险家用玻璃器皿从异国他乡带回各种奇特植物，到现在全自动灯光、全自动控温控湿、全自动补水、集成式参数统计等，专为生态景观开发的硬件如井喷一般出现。特别是在国内市场，结合国内强大的小型设备制作能力，为生态景观智能化发展铺平了道路。

当温度过低，加温设备自动开启，同时由于温度增加导致的湿度下降也会触发加湿设备的运转，抑或是湿度过高触发自动通风设备的启动。这一切都是为了使生态景观的小环境趋于绝对的稳定，或者是更贴近原生地的环境。

毕竟在野外，植物生长也是需要温差、明暗甚至是干湿更替的。而按照以前人工调控的方式，在植物园级别的环境中自然是可以做到的，运用大量的人工来时刻观察和调整整体环境的参数；但是在玩家领域或者商用领域，很难做到 24 小时全天候的调整。特别是在大型商业化的景观中，靠人工来实现养护是不现实的，不是所有的商业体都有专门的队伍进行植物园级别的养护，但是养护不到位则会使整个生态景观不平衡，最终导致崩溃。

从消费者的理解出发，他们往往会认为是制作者水平不到位或者生态景观根本就是个笑话，但是从从业者的角度看，是因为未能充分利用设备带来的智能化而造成的问题。

目前市场上的智能设备多种多样、鱼龙混杂，如何根据生态景观的规模和细节来选择适合的设备也是一门学问。

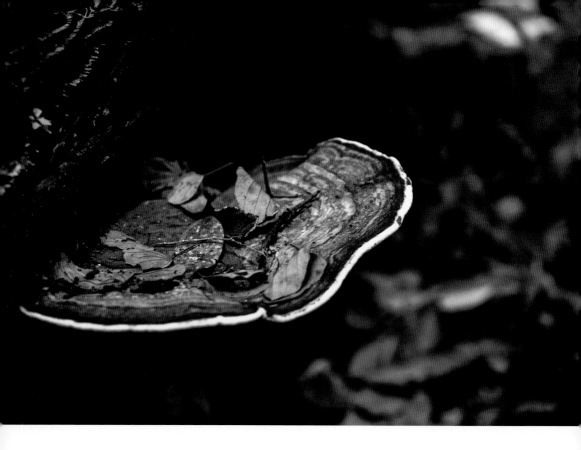

模块化

　　以前的生态景观往往趋于小型化、玩家化，无论是出于成本考虑还是技术考虑，景观的基础构架基本都是类似的。制作过程也略显粗糙和不稳定，毕竟每个玩家对于生态景观的理解不同，对于设备的选取也各有各的思路。按照目前市场上生态景观的发展以及设备更新换代的趋势来看，模块化发展是必然的。

　　也许有些人觉得这里所说的模块化和前文所说的独特性看起来有冲突，其实不然。这里的模块化指的是在基础构架、管线布设、设备选取、背景制作、基底选择等生态景观的核心内容方面会逐渐形成一个行业标准，这是急需也是必然的。而独特性指的是生态景观的表层，包括骨架搭建、植物选取、温湿度控制等，因地因事而不同、而独特，所以并不冲突。

成本经济化

目前的生态景观搭建费用高昂，在普通消费者眼中，生态景观往往与"豪""贵"连在一起，这反倒也促使了消费市场的门槛提高，避免让过多的低价产品进入到市场中来。

从长远来看，随着消费市场的培育逐步到位，整个行业的影响力不断增加，国内外经典案例的不断涌现，庞大的消费市场会促使整个行业进行成本压缩。同时，由于市场增加，供应商的不断涌入，也会使得包括硬件设备和植物在内的物料成本逐步下降，再加上造景师的增加，造景公司／工作室的增加，生态景观的价格会逐渐趋于经济化。

当然，高端定制景观也会依然存在，毕竟生态造景里面光是设备的成本差距就有可能是其他一整个景观的造价。为了使整个行业健康稳定地发展，平稳地拉开高中低档次的消费差距也是符合市场的变化趋势。

参照 20 年前的水族行业，单是拥有一个带过滤、带灯光的鱼缸就是一件很奢侈的事情，更不用说加热降温设备。但是水族行业发展至今，低价消费市场和高端消费市场两方面都热度很高：你可以在网上花很少的费用配齐必要设备，也可以花上几万元选择日本、德国、意大利的高端设备。

同样是养鱼，理念不同，初衷不同，有人就是图个乐，所谓的阴性阳性草，二氧化碳释放频率，氨氮含量根本不管；但也有人像调制珍贵试剂一样对各种灯光参数、化学参数了如指掌，但这一切都不影响水族市场蓬勃发展。

目前有很多以前专注于水族的供应商和造景公司逐步把目光转移到了生态造景领域，这是一件好事。水族行业有成熟的配套设施和模式可以供我们借鉴、参考和学习，可以避免一些弯路，早日让雨林生态景观走进千家万户。

国际化

　　IVLC 大赛是一个面向国际的公开的比赛，因此在工作过程中有幸与来自世界各地的造景爱好者有大量沟通。在沟通过程中，我们能深刻体会到雨林造景领域的爱好者众多、市场初级、设备需求量大等特点。另外还有一点，就是对于生态造景的认可程度而言，我国的造景师的水平得到了很高的评价。实际上我国的造景水平和造景理念都处于国际领先地位。

　　对于专业的植物园级别的设备运用和基础建设，我们还无法有权威评价的资格，但是就商业或者爱好者级别的规模而言，国内无疑有着强大的优势，并且在国际上有着很高的被认可程度。将雨林造景在中国开枝散叶，这是我们开展 IVLC 比赛的初衷，我们也相信，以中国雨林造景的发展速度，必然成为国际造景的引领者，从而成为中国的另一张名片。

CHAPTER 05

以自然为师，
回归原生雨林

原生雨林造景是指完全根据
某一地区的一或多种雨林片
段进行还原的生态造景。

原生雨林造景的概念

原生雨林造景是指完全根据某一地区的一或多种雨林片段进行还原的生态造景。制作者需通过人为的布置达到再现自然生境的效果，其造景内容中选取的岩石、土壤、木、动植物的种类是自然分布于原生境的，且最好是具代表性的。

但由于岩石、土壤、木等材料的质感具有可替代性，在早期，德国人就创造了使用其他材料制作仿真品进行造景的技法，且沿用至今。

虽说使用真实的材料能获得最佳的效果，但受困于取材问题时，此办法更为适用。而对于原生造景作品中最能体现生境特征的要素——动植物，还是应坚持饲养原生物种（不代表是野生），但由于植物界未被命名、定种的物种众多，必要时可使用形态学最为接近所选对象的物种。

原生雨林造景对于"原生感"的体现不仅仅是靠以上要素堆砌起来的，骨架的设计同样是一个关键因子。它不仅是对几何美感的一种追求，也是体现所仿生境特征的一种手段。

例如，崎岖错杂的树木可以体现出山地苔藓森林的林被特征，而巨大的板状根与气生根是低地雨林的特色，灌木丛生的巽他荒原森林更是依托于木质骨架来体现的。

因此，原生雨林造景不论是在哪一环节都要让美学与真实生境样貌并重。

原生雨林造景作为生态缸的种类之一，除了注重美感与原生感以外，可持续性同样重要。

优良的可持续性才是对"生态"二字的完美诠释。这就要求作者在设计景观时尽量让每个植株都处于一个适合生长的位置，这与温度、湿度、光强等生态因子密切相关。而由于硬件、生物等之间关系的复杂性，这三点又会受种植高度、阴影遮挡、距光源远近、距水源远近的影响等。

当然，实际情况可能还会更加复杂。

例如两栖缸的介质含水量可能会与距水平面距离大小呈反相关，这是垂直高度上的变化。

例如缸内没有额外加热设备时，光源往往会输入额外热量，因此顶部温度更高，流水旁较低。

例如因受到水分蒸发、通风系统、光源热量影响，缸中空气湿度往往会与高度呈负相关。

再例如由于光源一般设置在顶部，光照强度就会与高度呈正相关。但是如果某一植物宽大的叶片遮挡住了光线，则叶片之下即使靠近光源，亦可形成一定暗区，而暗区内不适合栽种阳生植物，但可让阴生植物生长于此。

尽管有这些情况的出现，但为一株植物选择定植位置还是要综合考虑，就像一些喜空气高湿的、弱光的雨林植物并不能忍受不透气的介质，因此它们适合植在缸底部，但不适合贴近水源，不然水分饱和的基质很容易使其烂根。

而喜强光的凤梨等植物可以尽量靠顶部种植，但如果在干燥地区饲养就需要提高空气湿度，避免植物过于干燥而死。

　　诸如以上所说的种植技巧还很多，往往需要具体问题具体分析。所以一位造景者对植物的了解深度直接关乎生态缸的可持续性，当然其原生感得以体现的前提也一定是生物都处于最自然的状态。

　　不过为了体现植物的自然状态，除了考虑本身的植栽位置以外，还可以通过改变硬件设施的设置，为缸内生物提供更适宜的环境。

　　综上所述，原生雨林造景绝不是一个片面的概念，它在基本的雨林缸配置上还要体现出"原生"的价值，原生既是生物的种类与状态的原始、自然，还是整体景观对自然界真实生境的再现，它是多维度的。再者，可持续性也是同等重要的，造景者绝不能顾此失彼。

原生雨林造景的分类

按结构分类

　　根据原生雨林造景中水、陆各部分的分配，大致可分为三类：陆栖缸、水栖缸、两栖缸。

陆栖缸

　　顾名思义，陆栖缸以陆地为表现主体。造景者需要表现出陆地上生物及非生物的特色，例如地表的设置，雨林中有些靠近溪流的地面会布满圆滑的岩石，上面附生有苔藓、藻类、蕨类及其他一些高等植物，而雨林大部分地面上会覆盖厚厚的落叶。

在山地雨林中，大量的雨水雾气会让地面变得更加泥泞；沼泽森林的泥炭土饱含水分，如同吸水海绵。这是不同雨林地表的特色。同时，生长其上的当地植物也是构成地表样貌的一部分。

除了地表，植被、岩壁等往往也不同于水下的一番景象。而让水、陆两者在方方面面呈现不同的原因最终都归结于所处介质不同，就是空气环境与水环境造就了两个不同的天地。

这虽容易理解，但在造景时需要注意的是，人工模拟出的生境中，有些景象放在野外是要经历漫长岁月才能演变来的。缸体内无法模拟这一自然过程而需通过人为手段直接制造出相同效果，例如高大树木的板状根、附满植物的巨大岩壁、受雨水溶蚀而形态绮丽的岩石等。

低地溪流中溶蚀的石灰岩壁

板状根及附生植物

　　这就可以通过将仿真雕塑或是真实板状根直接置于缸中模拟自然生长的板状根。通过将现成植物贴植于岩石上，再待其定根生长一段后模拟野外生长的状态；还能通过雕刻仿制品或野外采集真实溶蚀岩石用于造景布置等手段来展现陆地景观。

　　当然，布景过程中还会有一些人工手段无法模拟出的野外景象，例如附着在岩石、树枝上的地衣。这类藻类和真菌共生复合体生长期普遍较长且难以移植、饲养。

　　因此缸内很难模拟出地衣繁荣生长的景象，还有很多附生植物的根系发达，它们会贴附着固着物的表面生长，但这一效果只能将植物在缸中安置后，待其像在野外一样自然生长才能达到。

　　当然，在陆栖缸的介质——空气环境中，可通过释放雾化水的方式模拟云雾林的山间迷雾，或是通过喷淋水模拟降雨。

水栖缸

　　水栖缸与陆栖缸相反，以水下景观为主要表现对象。而在布景时的大致思路同上文所述，水下植物、岩石、枯木等可直接布置，但像水藻这样无法直接移栽到位的物质可通过对水质、光线的调节促进其生长到位。

　　除此以外，还可以通过对介质——水的处理使造景效果更贴近原生环境，例如通过添加枯叶、枝杈及腐殖质增加水体单宁酸等有机质，使其呈现出黑水域的茶色水体；或是通过增添泥沙让水体略显浑浊从而模拟淡水湖泊；抑或是使用强大的造浪设备和过滤设备来打造湍急的清澈溪流。

苏拉威西白水溪流

两栖缸

　　两栖缸并非简单地拥有一部分水体或陆地，首先水与陆的配比不可失衡，其次陆上和水下部分都有各自的内容设计，且二者还能相互融合协调，构成一幅完整的画面。虽然两部分各自的设计与陆栖缸或水栖缸基本无异，但重要的是如何将水陆过渡地带处理自然。

　　除了对画面效果的照顾外，水下景观的风格应对应其森林类型。例如，布满落叶沉枝且富含腐殖质的黑水溪流是低地热带雨林的典型水域，而这一景象就基本不会出现在高海拔的云雾林之中，那里常见的是清水溪流，甚至是很多瀑布。

尽管在同样的森林类型中也会出现不同的水下景象，就像低地热带雨林也会出现清水溪流，水下会布满卵石，抑或是一整块溶蚀的石灰岩，落叶很少见甚至根本没有。这是因为此类溪流有一定流速，轻巧的物体难以滞留，黑水溪的水体则几乎静止。

相同的森林中，不同的水景也会相应呈现出不同的陆景。还是以低地热带雨林为例，在东南亚，黑水往往较浅，甚至只是个水洼，当中的挺水植物居多，著名的椒草属、辣椒榕属植物也常分布于此处的水体和陆地中，且地表对于陆与水并无明显界限，是非常自然的缓坡过渡，全部布满枯枝落叶。

而辣椒榕属亦会附生于清水溪流甚至是激流的岩石上。因此，两栖原生雨林缸在确定生境主题后，对于更具体的景观呈现还是应让水陆和谐统一起来。

按生境分类

原生雨林造景作品必然是依托于真实的森林生境来布置的。不同的森林往往会呈现出不同的气质。这是它们受到各自气候、土壤、地形、动植物界及水文状况等自然因素的综合影响而产生的差异。这在生态学对"森林植被类型"的分类上得到了系统的划分。

因此，原生雨林造景的分类与命名也按照同样的标准进行归类。常见的森林植被包括亚热带季雨林、热带季雨林、低地热带雨林、热带山地云雾林……然而，并非同种类的森林就一定会呈现出相同的景象。

这很好理解，同样是山地雨林，看到乔木上附生各种喜林芋属植物便可知地处美洲，远远望到近 70 米高的龙脑香科则能认定是东南亚的雨林。

因此，植被组成是同类型森林在水平空间上产生差异的关键因子。鉴于此，在造景过程中，作者也应将对物种的选择作为体现生境特征的最主要手段。将所模仿生境并没有分布的物种栽种进缸的情况是原生造景最为忌讳的，但考虑到现实情况，若需要使用难以收集的或受保护的物种，可以用形态相近的替代。

除了对物种选择的考究以外，还应把控好其他细节，如对原生境岩石的模仿。

岩石的种类、形态非常多样，在不同的雨林中亦会呈现出不同的景象，所以在选择素材时应挑选最接近生境原貌的岩石。因此，作者不仅需要对当地物种有较深入的了解，还应对岩石及其他非生物因子的特征非常熟悉，土壤、水文亦是如此。

亚马孙低地雨林

　　低地森林里果树种类繁多，因此许多动物养成了以食用水果和其他动物为生的习性。比起湿润森林（下文的季雨林、山地云雾林的总称），低地雨林面临着更多的威胁。这是因为它的农业易适应性，并且它有着许多适宜农业的土壤和很多用作木材的珍贵硬木。在很多国家，低地森林实际上已不复存在，剩下的仅仅是湿润森林了。

热带山地雨林

　　热带山地雨林，又称埃特群落，是指那些生长在山上有1000米高度的森林。海拔较高的山地林一般在2500～3000米，会显现为"云雾森林"，云雾森林从来自潮湿低地的薄雾中获得它所需要的大部分降水。云雾森林的树木明显比低地森林的矮很多，这导致了它们没有较发达的冠层。

南美洲安第斯山脉

然而，云雾森林树木有着很繁盛的附生植物（蕨类、兰科等），这些植物靠流经的雾带来的充足水汽生存，像生长在安第斯山脉的厄瓜多尔、秘鲁、哥伦比亚和委内瑞拉等国家的云雾林。中美洲（尤其哥斯达黎加的蒙特韦尔德）、婆罗洲（基纳巴卢山）以及非洲（埃塞俄比亚、肯尼亚、卢旺达、扎伊尔、乌干达）等地区的林木通常是在稠密的苔藓和漂亮罕见的兰科植物的簇拥下显得郁郁葱葱。其中东南亚的山地云雾林中还有一类独特的肉食性植物——猪笼草，这也是那里的云雾林的标志性特征。

云雾森林往往包括许多地方性物种，因为它们通常与其他部分的云雾森林被山谷和山脊隔离。这些物种就不能通过周围的天然屏障。

美洲的云雾森林是大量的蜂鸟、蛙和附生兰花、凤梨科、苔藓等动植物的家乡，其中三尖兰属（*Masdevallia*）的 *M.angulata* 就仅发现于哥伦比亚的里诺和厄瓜多尔西北部的云雾林中。

而亚洲的云雾林是各种猪笼草、兰花、蕨类和云豹等动植物的天堂，其中猪笼草属（*Nepenthes*）的胡瑞尔猪笼草（*N.hurrelliana*）就仅生长于婆罗洲部分的云雾林中。但这样的地方性物种的例子还有很多，不胜枚举。

除此以外，云雾森林由于果树数量稀少，导致了其通常缺少大量的大型动物来此生存。

猪笼草属植物

在所有的热带森林中，生长在南美安第斯山脉地区的湿热林受到的威胁最大，这些地区大部分森林被开垦用于农业。南美大陆受到危害的群落当中，生存在玻利维亚的 Yungas 群落很多都不成比例，（Yungas 是一个位于安第斯山脉湿热林的地区）。这就导致人们已经很少再去研究这些森林，随着人类对热带森林的进一步破坏，类似悲剧可能会频繁上演……

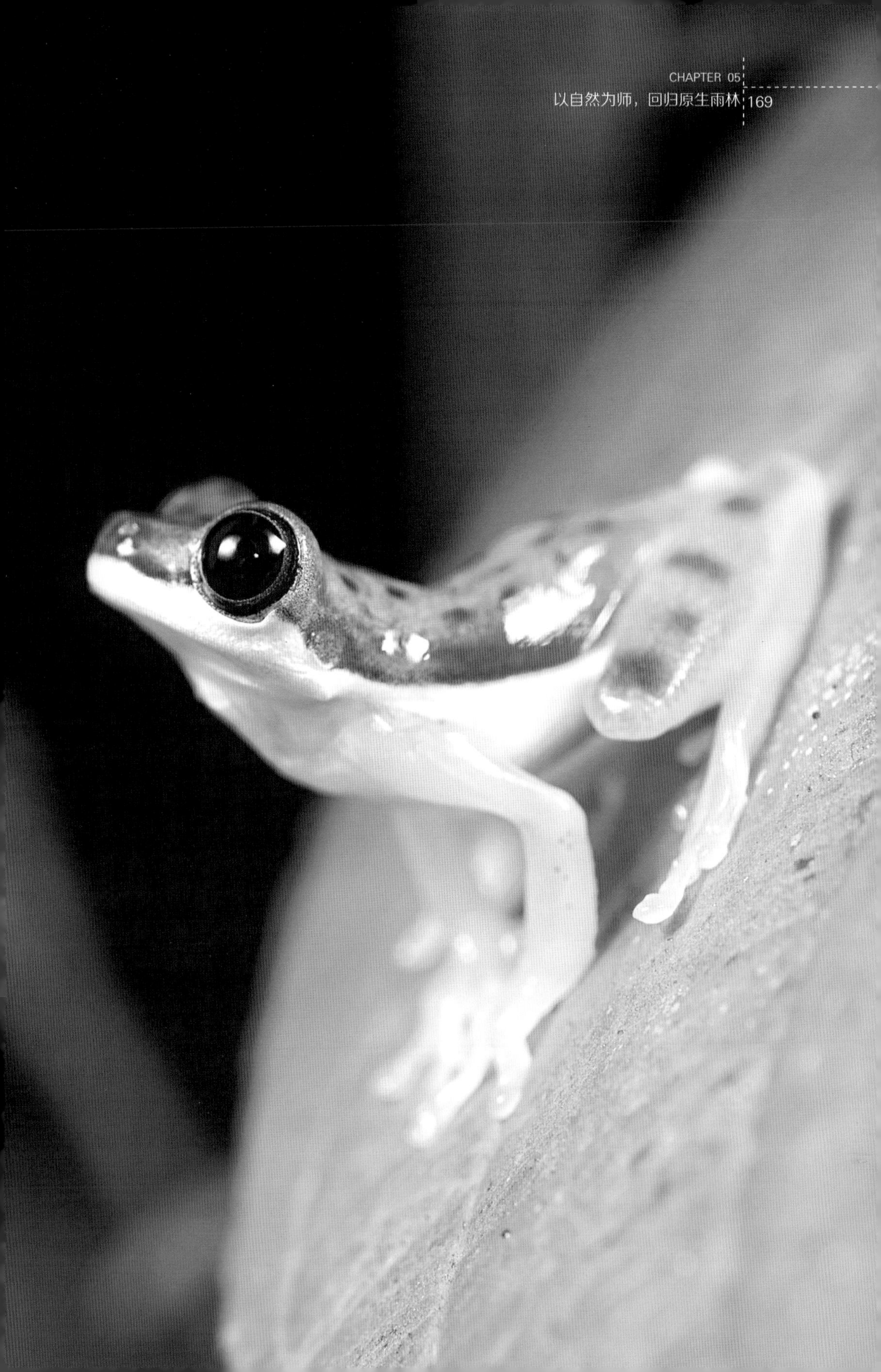

安第斯山脉

3300米高度以上就是亚高山带或高山带森林的天下了。这里降雨较少，树木不多，并且比起生长在较低高度的森林来说，生物多样性也减少了。

季节性森林或季雨林

季节森林是降水、湿度、温度呈现季节性的雨林，最初是在亚洲的印度、斯里兰卡和中国，非洲东部和西部，澳大利亚的北部和巴西的东部发现的。这种森林有比较明显的干冷季节和多雨季节，与赤道附近的雨林相比，这些森林在物种上并没有很大的差别，甚至相邻的热带雨林与季节性森林会有相同的物种分布。但在树木的高度方面要矮很多。

中国 云南

由于人类耕种的缘故，季节性森林在全世界范围内受到了很大威胁，尤其是在西非，那里有超过 90% 的海岸边的森林和季节森林遭到清除。

洪溢林

洪溢林，又称伊加泊群落，经常在洪水季节被长时间地淹没（有时被人认为是永久淹没的雨林）。这种雨林类型属亚马孙流域最为著名，在那里它们占到总雨林面积的2%。

洪溢林的树木要比其他没有被淹没森林的树木矮，原因是其湿润的不稳定性、排水不良的土壤（因此它有时被称作"沼泽森林"），以及特定的树木（如 *Cecropia*， *Ceiba*， and *Mauritia palms* 等）等特点决定的。许多洪泛森林的树种有着较高的树根，如同拱柱一样支撑着它的结构，例如板状根。

洪泛森林一年中有4～10个月会被洪水淹没，且它的洪期是可以预测的。鱼类在这类森林的种子传播方面起着很重要的作用。这种森林奇特的洪水景象是两栖雨林缸不错的取景对象。同时，这里是麝雉、亚马孙河豚等众多珍稀动植物的主要产地。

平原湿地森林

平原湿地森林是泛滥的平原森林，它的洪水是季节性的。但与沼泽森林不同，平原湿地森林有着每年能从白水江河中补充养分的相对肥沃的土壤。因此这种森林比热带雨林更适合农业生产，所以它们受到更大的威胁。尽管在亚马孙这种森林被大量发现，但由于经济发展的原因，它们消失得也非常快。

苏拉威西

　　泛滥平原森林，尤其是位于河岸边和岛屿上的，由于这些森林的根基被那些自然曲折的处于热带低地的河流侵蚀，所以它们的生存期比较短。依照由 Michael Goulding 和他的同事写的书《亚马孙河源》所载，在秘鲁的研究表明大多数的泛滥平原森林很少有超过 200 年的，而且它们的更替率超过了 1.6%，这意味着这些树的平均寿命只有 63 年。

　　正是这个原因，泛滥平原森林总是在某些阶段被优势物种接替，例如 *Cecropia* 被木棉和无花果树替换从而远离河流。

石楠林

　　石楠林分布于排水性较好、养分很差的沙地土壤上。这些森林由那些特定的能够忍耐贫瘠的酸性土壤并且比其他热带雨林乔木长得更"短小"的树种组成。因此更多的阳光可以直接照射到森林的地面，使树木生长得更加密集。

　　石楠林在美洲与卡汀珈群落一样有名，是由黑水河灌溉的，最初是在亚马孙流域（里奥内格罗流域）和亚洲的部分地方被发现的。

巽他荒原森林

巽他荒原森林也称为 Kerangas 森林，是热带潮湿森林的一种类型，存在于婆罗洲文莱、印度尼西亚和马来西亚等地，以及婆罗洲西边的勿里洞岛和邦加岛。荒原森林的砂质土壤常缺乏矿物质元素，特别是氮。而大部分的低地雨林一般缺乏磷。

1999 年，普罗克特提出了一个假说，认为荒原森林生长于高酸度的土壤中，是为了避免与不能适应高酸度土壤的物种竞争。

荒原森林与周围的婆罗洲低地雨林在物种组成、结构等方面都存在不同。荒原森林的林冠更低、更整齐，灌木丛茂密，且有丰富的苔藓和附生植物。

许多生长于荒原森林贫乏土壤中的植物都发展出了非常规的矿物质元素获取方式。一些树木［如方枝木麻黄（*Gymnostoma nobile*）］具有与根瘤菌共生形成的根瘤。蚁巢木属（*Myrmecodia*）和蚁寨属（*Hydnophytum*）等蚁栖植物发展为通过与蚂蚁共生来获得矿物质元素。而猪笼草（*Nepenthes*）、茅膏菜（*Drosera*）和狸藻（*Utricularia*）等食虫植物则可通过捕捉昆虫来获取矿物质元素。

荒原森林中的许多植物都起源于澳大利亚，包括桃金娘科（*Myrtaceae*）和木麻黄科（*Casuarinaceae*）植物，以及南半球的贝壳杉属（*Agathis*）、罗汉松属（*Podocarpus*）和泪柏属（*Dacrydium*）等针叶树。

泥炭沼泽森林

泥炭森林分布在非洲的一小部分、南美的东北部和东南亚的大片区域（尤其是洞里萨—湄公河、西马、婆罗洲和苏门答腊），该森林多位于高海拔地区。

这些沼泽森林出现在由死亡的植物浸泡堆积却无法分解而形成的酸性泥煤层上。这些泥煤可以在少雨期阻止湿气蒸发和在多雨期充当吸收雨水的"海绵"。当泥煤沼泽森林的水分因为农业工程而被排干，它们就变得特别容易燃烧。

泥炭沼泽森林通常被土壤排水性良好的低地雨林，或沿海的半海水、海水红树林包围。印度尼西亚拥有世界上50%的热带泥炭沼泽。该生境草本植物及苔藓植物占优势。

红树林

红树林一般分布于淤泥丰富、含盐较多的地方，一般位于比较大的河流三角洲、河口和河岸区域。红树林中生长着一些比较低的树种，特别是红树属（*Rhizophora*）植物，此类森林也因红树属而得名。

红树属植物是常绿树种和灌木，胎生，能够适应含盐较高的沼泽环境，通过众多的气腔根吸收氧气。由于该生境的复杂性，因此红树林是众多动物的栖息地，在模拟该生境的造景缸中可侧重所用动物的多样性。

热带红树林

原生雨林造景的制作

前期准备

这一阶段是在真正着手实施布置之前，也就是对作品的构思、设计阶段。在构思作品时，首先要确定所还原的生境类型，并去深入了解这个生境的特征，然后据此进行效果图的设计。

其实在实操时就可以发现，小型缸的布景在选定骨架素材之后，往往可以依据素材临场发挥，随机应变。

有趣的是，最终效果往往优于最初图纸上的构思，且大不相同。这其中的原因就在于足以撑起画面的骨架素材相对于尺寸较小的缸体会占有较大的比重，比如一根主体沉木上面的几个细节（如枝杈）在整体画面中就有着一定分量的展示空间。

因此，临场发挥、随机应变反而更能发掘出素材最为出彩的一面。所以，在依照效果图进行布置的同时要留心有没有更精彩的角度。

但不可否认的是，做效果设计图还是整个造景过程中不可或缺的一步，毕竟在绘制时它蕴含着作品的设计初衷、所造生境的原始特征。且大型景观的制作还应按照提前设计好的图纸进行，避免偏离设计理念，以及耗费过多的财力物力。

回到设计阶段，若想打造出所选生境的真实样貌，造景者既要把握好其整体的风格，又要处处体现出这个生境的细节特征。

　　若要通过造景这种人为布置的手法去营造出最自然的雨林场景，作者必须要对模仿对象有着深入的、多维度的理解。其不仅包括各类雨林之间的异同，还包括每种雨林自身内部的异同。因为每类雨林都具有一定的地理范围，包括水平、垂直的范围，加之生境内生物种类的多样性，还有土壤、气候、地形地貌的差异性，这些造就了每种雨林内部景象，并不是处处相仿。

　　因此，对某一类雨林的印象也绝不能是简单的一幅画面，而要对野外生境有立体、具象的认知。

方寸之间
雨林世界

　　最佳的了解手段便是亲临生境内部，置身其中，让自己各种感官一并感受真实的生境本体。这种最为直接的了解手段可以让造景者对生境进行全息的认知：岩石的节理、形态可以直接用眼观察到，其表面的质感也可直接用手触摸到；而植被间复杂的水平关系、垂直结构、分布特征也可以让造景者在不同方位的观察中立体地领会到；还要对光线射入的角度、强度完全地掌握；甚至还能嗅到空气中弥漫的水汽、沼泽中糜烂的腐殖质……

　　这种身临其境的感受，是其他任何非一手资料都无法提供的。在切身感受的过程中，再留下一些素材，如照片、视频、素描等，这样会对作品的设计、布置和维护有非常大的帮助。

　　即便如此，研究性的文献资料还是会从更为专业的学术角度给予造景者对生境的理解，这是感性认知不能完全获得的，应并重。

　　有时受地理位置，或时间、经济等因素所限，作者无法亲临其中去感受、取材，亦可通过图片、视频、图画、文献等资料进行了解。由于上文所述每种生境内部的差异性、多样性的存在，在搜集资料时一定要尽可能多数量、多角度地查找，当然最后模仿的片段中内容要统一风格，不要"错搭"。

景观布置

设计图敲定之后就是造景素材的准备阶段。对于如何选材，前文也有具体介绍，但本章节想要强调的是，原生雨林造景区别于其他生态缸的重要一点就是对自然生境的还原度。

前文提到过这种还原度需要各类硬件素材和生物种类的配合来共同体现。因此原生雨林造景在选材时务必要遵循素材质感贴近原生效果，例如有些情况下将裸露的杜鹃根大量应用于画面中，会大大破坏效果。甚至不恰当的素材会将作品直接推出"原生造景"的范畴。

原生缸与野外照片对比

生物素材的准备要遵循使用原生种的规则，但即便是全部使用原生物种，最终效果也不一定会理想，这就涉及美学范畴，考验作者对植物质感、形状、色彩、比例的搭配运用的功力了。再加上植物后期会继续生长，上述特征可能会出现一定的变化，因此更加考验造景者对植物运用的把控力。

从植物的这些特征和以往的生态缸作品中不难看出，一个生态缸真正的骨架结构，绝不单单是由木、石、人造合成材料等硬件主导的，植物在作品的骨架构成中也起着重要的作用。

　　关于雨林缸的完整规范制作流程，本书前面章节有做介绍，在假底、基质、骨架、背景、灯具都设置好后，就是植物的种植了，这也是原生造景最需注意的环节之一。相较于其他生态缸，原生造景对植物的位置、姿态、密度等更加考究，需要符合真实情况。如附生性兰花的位置应尽量体现在岩石或树木上，而不是地面土壤；附生于岩壁的蕨类应有相同的朝向，而不是各种方向都有；苔藓森林造景的苔藓应体现出厚实感，而不是薄薄贴于附着物表面……

　　对于密度，常常是较难把控的，在季雨林造景中，高等植物的分布密度往往低于热带雨林，因此在缸体中种植时还是避免出现大量不同物种团团簇拥的情况较好。而对于热带雨林，尤其是附生植物最为繁茂的山地雨林，则可大胆表现茂密的附生植物，但对于低地缸和山地缸的地生植物布置还应注意区别。

　　雨林缸最出彩的就是大量附生现象的出现，但还需要注意的是，并非所有高大木本都会有大量植物附生，这往往与木本的状态相关。已死亡的树木往往会更容易让附生植物固定，而健康木本的表面附生状况则各有不同。附生植物的生长方式也会向着有利于水分、腐殖质保留的方向发展，对于缺少土壤的生长环境，水分与有机质的保留是极为重要的，是生存的关键。

　　正因如此，附生植物们除了青睐粗糙保水的固着面，还进化出了许多适应性状，例如积水凤梨通过叶片的相互贴合，形成一个存水结构来承接雨水；巢蕨生长成鸟巢形可以接住上方掉落的树叶，从中吸收营养……

巢蕨属植物

附生蕨类、兰科的树干

方寸之间
雨林世界

细节处理

这一环节是在整体布置完成之后进行的收尾工作，虽然这一环节对主体结构基本没有影响，但却非常重要。

正所谓细节决定成败，对于造景的原生感，很大程度都是靠细节处展现出来的。细节处理既是对原生感的渲染，也是对人造感的"遮丑"。

细节处理的手段是没有定法的，例如在地表基质上添加落叶就是一种细节的修饰。这可以让地表更贴近真实的雨林，但落叶的种类也是值得斟酌的，既然是雨林造景，就不能使用很明显的温带、寒带的树叶，这反而会弄巧成拙。

细枝杈、种荚等植物构件也是能让景致更原生，且更有趣味的素材。它们可以掉在地面、落在树干上、卡在岩石间、甚至是落在植物的叶片间，作者可以自由发挥。因为在野外，它们也是随机散落的，这也恰巧是与"人造感"的不同之处。

当然，这些修饰物也可以是鲜活的植物本身。在野生水域，浸泡在水下的陆生植物叶片不全是枯死的，也会有刚刚浸没的新鲜叶子，尤其是亚马孙洪溢林中。洪水来袭，许多陆生植物会直接被淹没，后因不适应而枯黄。

这些细节处的小构件不仅仅是对画面有润色作用这么简单，甚至还可以起到增强画面空间感、纵深感、层次感的效果。

后期养护

原生雨林造景后期的运行养护既是对人的饲养功力的考验，也是对作品本身生态可行性的考验。在这点上，可以将生态造景缸与"生态瓶"的概念联系起来理解。"生态瓶"是一个人造的密闭的生态系统，里面设置有动物、植物、微生物及空气、土壤等非生物组分。

动物之间甚至能够形成食物链，除光线、热量会从外界输入以外，瓶内其他物质完全与外界断绝联系。在一定时间内，由于密闭的瓶内构成了一个生态系统，因此瓶内生物可以正常生存。

但众所周知，"生态瓶"在一段时间后会出现生态失衡的情况。瓶内各项指标变化明显、生物迅速死亡，且迄今为止，人类从未制造出在完全密闭情况下仍可持续平稳运行的人造生态系统。

从物质构成上来看，生态造景缸与"生态瓶"无异，因此缸内生物也可以说是生态化饲养。但若想有优良的可持续性，必然还需维护者根据实际情况进行缸内环境的调整，避免出现"生态瓶"中生态失衡的情况发生。例如使缸内温度与原生境温度、湿度相同，及时补充新鲜空气，模拟降水以保证空气湿度、土壤含水量的平衡，定期更换水体来维持 pH 值、微量元素的恒定、防止含氮废物含量超标等。

对原生造景缸的人为控制不仅要做到使环境内一些生态因子的恒定，还要模拟一些生态因子的周期节律。例如雨林中气温日较差、湿度变化，季节性森林雨季与旱季的降水、气温差异，雨林一天中光照强度的变化等。

原生造景经典案例分析

《哥伦比亚·云雾林 2019》

　　该作品将附生植物茂盛的树干、岩石与大块的阴影相搭配，既突出主体结构，又增强了画面的深邃感。由于缸体内可表现的空间有限，不可能与真正的雨林相比，故对有限空间内画面的无限延展就可以通过阴影的运用而做到。

另外，通过树干对背景的遮挡、岩石的堆叠以及植物叶片间的遮挡关系又增强了画面的层次感和曲折性。

该作品搭配的植物种类贴合云雾林主题，其中不乏哥伦比亚特有的地方性物种。

在哥伦比亚 1000 米以上的云雾林地带，标志性的场景就是积水凤梨与喜林芋属、花烛属以及各种兰科植物伴生。

除了饲养植物外，该缸中还饲养了两条睫角棕榈蝮，这也是哥伦比亚雨林中的原生物种。在原生造景的映衬下，这一物种的魅力也变得更加迷人，反过来这个作品也因为睫角棕榈蝮而更有美洲雨林的韵味。

在造景缸中，植物与动物相映成趣是会让作品的效果更加高级的。

《日月谈》

　　这个作品表现了南美雨林林下的生境状态。画面中大量运用榕属及草胡椒属的爬藤类植物，配合层次丰富的阴影，营造出了林间藤蔓丛生，水汽充足的景象。而前景树木附生的积水凤梨成了视觉的焦点。地表设置的匍匐类草本联结成片并向水下延伸，使水域与陆地融为一体，水边还点缀以各式小型天南星科植物。

　　此外，运用线条感明显的喜林芋属贯穿背景，右下部从水下延伸出的木段衔接中下层，使景观更加立体，与细小叶片的藤蔓虚实结合。更能体现出雨林的复杂样貌及丰富的层次感。

《丛生》

　　这是一个体量较大的两栖原生造景。河中一棵巨大树木成为绝对的主角，沉稳且壮观，各类附生植物、攀缘植物依附其生长。上方及右下的藤蔓相互呼应，又营造出了丛林的错综复杂之感。

　　在色彩的运用上也是和谐统一，沉稳大方，各方面的处理壮观、大气。

　　除了作者对大线条的把控非常到位以外，该作品有着更难能可贵的细节处理。每一棵植物的位置、姿态，每一根细枝的走势都有所考量，这是大型雨林造景中极为少有的细腻。作为原生雨林造景是名副其实的，它丝毫没有显露出"人造感"，让人仿佛看到了真正的热带雨林。

《生命之源》

  该作品的灵感来源于厄瓜多尔—亚苏尼森林公园的原生雨林，那里有很多原住民，其中安尼阿古族是奇川人的分支。"安尼阿古"在奇川话里是"蚂蚁"的意思，这个"蚂蚁族部落"近十年来放弃了祖祖辈辈打猎、捕鱼的生活方式，选择可持续的旅游开发，最大程度缩小对森林的破坏，这也算是他们回馈大自然的方式。

  这个作品取名《生命之源》，则是向亚苏尼奇川人的致敬。

　　作者选择粗壮的榕树干作为骨架，给作品赋予了热带雨林独特的气质，再附上众多的蕨类、藤蔓将厄瓜多尔丰富的雨林植被完美展现。

　　在木段的选择上也遵循了近大远小的透视原则，再配合背景的阴影，极尽纵深感。同时，最前方丛生的蕨类，中部高大的树木加上远处细碎的藤本将画面的层次一一展开，体现出内容的丰满。

《婆罗洲·低地溪流 2019》

该作品还原了婆罗洲西加里曼丹省低地热带雨林的溪流，着重表现了当地附生于石灰岩上的辣椒榕属、椒草属、千年健属等天南星科植物。

这些都是婆罗洲雨林中著名的两栖性植物，在雨季与旱季水位不同时，这些植物会呈现出水下与水上不同形态的叶片。而该作品也将这一现象清晰地展现在缸中。

同时，枯木、石壁上大量附生的苔藓、藻类反映出了原生境的高湿气候。

婆罗洲低地雨林的溪流也是马来环蛇捕食猎物的环境之一。

CHAPTER 06

典型雨林缸造景实例

本章结合小缸造景实例和 4 个 IVLC 大赛获奖实例介绍了整体造景的流程。

小型雨林缸造景步骤解析

▶首先，把缸安装好以后，打发泡胶。对于小缸来说，打背景发泡比较容易。先大致确定假底的高度，把缸放倒，就可以打背景的发泡了，不需要额外用格子板来挂住发泡。等发泡胶稍微干一点，就可以把缸立回来进行下面的步骤。

▶用剪子把底滤板剪裁成需要的大小和形状，因为是小缸，可以选择用格子板相互支撑，来构造假底。大缸也可以这么做，不过工作量比较大。

▶ 用捆扎带固定住支撑和架构的格子板。假底的结构里留两个空格，左边用来留一个池子，可以蓄水；右边留出来放潜水泵，制作一个小的内置过滤系统。

从上面往下看，可以看到正面留了一个缝隙，这是为了打一点发泡胶，从正面遮住假底，看起来好看一些。

▶ 少打一点发泡胶，起到固定和遮盖的作用，右边固定两块过滤棉，圈住过滤池。如果不打算养鱼的话，过滤简单一点就可以，过滤棉周围用发泡胶堵死水路。

因为没放滤材，潜水泵要用细过滤棉包裹一下，防止泵堵上。这样的操作虽然能避免堵泵，但是水流量会受影响，而且没办法使用吸盘固定。所以在实践中要根据自己的设计和需求权衡要不要这样做。

然后铺上过滤棉，过滤棉的周围打上发泡简单固定，同时堵住缝隙。再加上沉木。

背景上拉出一些平台用于种植附生植物。

这个沉木是之前用过的旧沉木，自带苔藓，造型也很好。

把潜水泵放在右边过滤池里，用过滤棉遮盖一下，然后打上发泡。这样做是为了留出一个可以维修的窗口，防止以后泵有问题——如果这里都用土掩埋上，那么以后万一泵出了问题，就只能翻缸了；而用发泡打出一个盖子，在需要的时候可以切开发泡，做出一个维修的窗口。

▶ 池子里加上一定厚度的河沙。潜水泵开启后，水流会从右边一个隐蔽的小洞流淌出来，再通过过滤棉流回泵池，形成简单的过滤。这样的过滤不足以养鱼，但是保持水体的清洁是足够了。铺土，赤玉土和泥炭 1∶1 的比例。铺完土就可以简单加上植物了。

▶ 秋海棠等直接种植在地面上的，就直接种了。积水是直接插在沉木缝隙里的，底部加了一点泥炭，塞住缝隙，也刺激生根。空缝用胶粘住。

上苔藓，用牙签固定，然后上附生植物。后面的积水是用捆扎带固定的，用少量苔藓把捆扎带遮住。

▶ 附生植物基本用苔藓包根，牙签固定。左边平台上的，种植在基质里。纽扣简单种植后，牙签固定一下。

▶ 右侧前面的柄唇兰是附生植物，因为下面是发泡才可以种植在地上。

▶ 竹节秋海棠，开缸不久后开花了。

▶ 近距离看，沉木和积水的连接。沉木形状有点像突出水面的鳄龟。

▶ 后面硬叶兜兰也要开花了，为什么这么容易开花呢，因为兜兰买的时候就带花苞了呀。

完成图。

IVLC 大赛 2020 年小缸组冠军
《Root》的开缸过程

最初的灵感来自想要复刻在网上看到的一个造景：一个以板根为主
题的造景，没有复杂的枝条结构，骨架和背景融为一体。植物的
选择也很简单，以苔藓、爬藤、附生植物为主。

▶骨架背景在打发泡胶做最初构建的时候调整过一次。

最初是完全按照这个网图里的结构照搬着来打的发泡胶，基本上都切好了，
就等着上水泥了。

之后怎么看怎么不顺眼，就做了一些改动，然后就变成了现在这个版本。去
掉了两边的背景，只留下了中间树根的部分，然后增加了分枝。

▶ 发泡胶定型→上水泥塑形→上色。

▶ 然后就是上植物了，选择了很薄的人工苔藓和一些附生蕨、爬藤类植物。

▶ 有些蕨因为进缸后新叶都长得很大，中期都被修剪或者拿走了，最后照片里地面的蕨都是地面苔藓种自己长出来的，很自然。

▶ 其实，板根这个主题的造景，2018 年就尝试过，但是在塑形骨架这一块遇到了很多技术上的瓶颈，最终还没有上植物就翻缸推倒重来了。之后才有了"森沉"那个仓促的半成品。

ROOT 这个作品，最开始我也是抱着再尝试一把的心态去做的，直到年初骨架完成的时候我才想到：说不定可以拿这个去参赛。

专家点评：

热带雨林里面最具代表性的板根被搬进了小缸体，诠释了以小见大的形态。板根塑性也很到位，整体形式感也很自然，而且是历届比赛中首次出现的一种板根景观的展示方式，创意十足。攀爬类植物和苔藓也能看见，有一定的时间感，带给人攀附的感觉。

第一眼就非常惊艳的作品，能在如此小的一个缸体之内还原出热带雨林的板根十分让人佩服，作者具有非常强的塑形能力。同时，攀附而上的植物也处理得十分自然，大小和布局也安排得十分合理。

板根！第一次去亚马孙是在巴西贝伦，刚进去没几步导游就带着我看了板根，已经不记得导游在说啥，只记得参天的巨树和那种狂野的力量感。这个作品还原度相当高，作者水平值得膜拜，厉害厉害。

考验真正技术的时候到了，形态还原度很高，植物搭配也很合理。这种小缸，一个中型植物就能毁了所有，所以参赛者还是很用心的。

IVLC 大赛 2020 年小缸组亚军
《林》的开缸过程

今年参赛的作品主题是"林"，在设计这个作品的时候，继续延续了去年的风格，而建缸初期的目的也很明确，就是想把原生的感觉表达出来，所以，无论从骨架的构造上还是在植物的选择上，始终坚持模拟原生感。

这个作品的灵感来源是山谷雨林，想象的是从内到外、从外到内两个视角去表达。在画草图的过程中，我一直在思考，如何在一个比较小的空间里去呈现。

植物方面，我选用了附生兰、云母蔓绿绒、莎草蕨、掌叶薜荔，还有苔藓、万年藓、伏石蕨等，我还加入了自己转陆的细叶铁。里面选择的全部是纯绿色的植物，但这些植物并不是浑然一片，而是充满了层次感。

▶ 搭建骨架采用了大量的透视原理，从前景的藤蔓到两侧的枝干，再到后景的模糊枝干，根据植物的大小、叶片形状进行了多次的搭配实验，以此达到景深最佳化。

专家点评：

....

　　在越来越倾向采用高端植物造景的潮流中依然保持用造景的手法来凸显景观的品质感，难能可贵。整个缸体特别小，但是完全依照近实远虚、近大远小的透视规律做出了特别强的景深。在一个 30 平方厘米的空间里完成了一个比较深邃的景观，并且用了一种近景压黑的手法。景中的那棵树在视觉重心上给人一种第三者窥视的感觉。我个人认为稍显不足的地方是在摄影阶段，如果能将上方的网格板取掉，直接留白，增加一些雾气，会让人感觉更加真实。

　　非常喜欢作者在景观方面的一些手法，整体的硬景观——骨架构图看上去十分协调，且我非常喜欢作者安排的无论是地表还是附生部分上的植物细节来突出的自然感。而且作者对于背景的处理方法也是十分得当。使用放在远处的一个草缸当作背景不但增加了整个作品的深度，也让空间看上去变得更加丰富。

　　景深很棒，细节十足，营造了一个迷雾的氛围。

　　细节加分点很多，景深、层次、构图、搭配等，各方面都拿捏得很好。

IVLC 大赛 2020 年大缸组冠军 《密林》的开缸过程

刚开始的骨架选择比较简单，也没有在这上面花太多钱，骨架固然重要，但不是最重要的。关于骨架怎么选择、怎么搭配这个问题，其实不必太在意，宗旨是能用就行。相比现在用的比较多的软木，更欣赏选手们自己动手做的骨架结构，而且好的塑形也越来越多了。

第一阶段：2016 年 10 月

　　当时选择这样的结构也是想着能种点丽穗凤梨属凤梨，那几年太爱丽穗凤梨属植物了，自己养了一些。这里再补充一点儿关于背景板的知识。开缸时为了偷懒，没有粘椰土，导致现在视觉效果差很多，而且不利于苔藓和一些攀爬植物的生长，建议背景板还是粘椰土或者其他的适合附生植物生长的材料。

但是丽穗凤梨属植物中小型品种实在很少，大部分都是40厘米以上的大家伙，所以导致缸内比例严重失调，效果如下：

▶ 不破不立，大型丽穗凤梨属植物全部清空。

第二阶段：2017 年 7 月

▶ 添加了秋海棠、紫金牛等小型植物，替换了一些积水凤梨。

第三阶段：2019 年 2 月

▶ 缸内大型丽穗凤梨属植物全部替换掉，整体比例协调很多。这个阶段新增了两个沉木，丰富了整体结构。

第四阶段: 2019 年 8 月

▶ 植物形态比例基本没问题，但是水体部分占比偏大，为了丰富植物种类，需要更多的种植空间。于是构思"填海造陆"。

▶ 下面是"填海造陆"过程。

▶ 水改陆分几步？

第一，把水抽干，取出底部砂石；

第二，倒入轻石；

第三，铺上厚过滤棉；

第四，倒入基质。

过程比较快，2 小时搞定，不得不说轻石＋过滤棉做假底真的很好用。

第六阶段：2020 年 10 月

▶ 新增一根骨架和若干蔓藤，丰富空间层次。

▶ 这个缸没有做独立的缸盖，用两段铝合金方管做横梁，灯放在方管上，将 PVC
薄板弯曲后把灯和缸体衔接粘贴。

优点：成本低、保湿好、无遮挡照射、缸内不进灰尘。

缺点：缸内顶部温度偏高，中底部影响很小。

专家点评：

....

　　厚涂油画，色彩绚烂且不土。植物状态也不错。

　　与商业组冠军有异曲同工之妙，把天南星科的植物融入得很自然，从作者的介绍来看，这个缸体运行有三年了，依然状态满满，显示了作者的功底和平日养护的到位。

　　除了去年玩家大缸组第一名，这是第二个天南星科植物运用较多的玩家缸了，在植物搭配和运用方面拿捏得比较好。很多人在缸里种大叶植物，搭配不合理就会显得很杂乱，平时养护还是下了不少工夫。

....

IVLC 大赛 2020 年大缸组季军《林语》的开缸过程

———— 件精美的艺术品背后都有着不同凡响的故事，下面让我们走进"林语"的故事。

2016 年，杨英朝还是一间画室的老板，他在手机上偶然看到了几张雨林缸的照片，这引起了他的兴趣，于是他就上网学习雨林缸的制作方法。然后，他在画室里做了一个小缸，竟然用了五瓶发泡胶。栽植物的时候，他只注重好看，并不了解栽种植物的常识，不到 3 个月，一缸的植物都陆续死掉了。原来制作雨林缸是一个技术含量很高的工作。

杨英朝是个喜欢挑战自我的大男孩，他吸取了上次失败的教训，再次把"大自然"微缩进他的小缸里，这次搭骨架时他给植物留下了足够的空间，让基质保持透气，植物种植布局合理。3 个月下来，各种植物生机勃勃、野性十足，呈现出一派原生态的美。

这次的成功激发了杨英朝对雨林研究的热爱和追求，他居然关掉了画室，全身心地投入雨林缸的研究和创作中。

2018 年，杨英朝第一次参加比赛时，由于积水摆放的位置不正确，被淘汰了。他愈挫愈勇，不服输的劲头终于有了收获，取得了 2019 年 IVLC 商业组第四名的好成绩。高兴的同时更加坚定了自己的初心：追求景观，呈现原始森林的感觉。

2020 年，杨英朝一如既往地保持着原始森林的风格，给自己的作品取名为"林语"，这是灵感的源泉。

▶ 然后，他开始寻找素材，构思骨架和制作手法，再根据骨架去定制缸体尺寸等，准备工作足足用了半个月的时间。接下来，他开始制作景观，这个景观要营造出被树木笼罩的感觉，骨架搭建就一定要有高度和层次感。在摆放木头时，要给植物留出足够的空间，必须定好积水凤梨和空气凤梨的位置，它们是整个景观的主体部分。要想达到理想的效果，骨架的搭建、植物的摆放和选择都是至关重要的。

要想呈现更加原始森林的效果，必须有藤蔓，有了藤蔓也就有了灵魂。藤蔓是仿真的，不会腐烂。

河道的制作增加了景深的效果，使整个景观有动有静，横躺着几根木头达到了景深的最大化。背景板用发泡胶雕出了岩石效果，如果铺上苔藓就会更加漂亮，但不能铺满，会有国画的留白之美。

再来说说植物，要保持原始状态，主要以绿色为主。选用丽穗凤梨属植物的积水、楼梯草、蕨类、苔藓、偏绿色的虎斑秋海棠、菖蒲、霹雳和云母蔓绿绒等，这些都能很好地把原始和野性表现出来。

在种植物这个环节可不能马虎，杨英朝凭借对植物习性的了解，不同的植物培植手法是不同的。骨架部位的湿度大小，光照强度都要仔细衡量，才能万无一失，确保种下的植物茁壮生长。一个雨林缸刚做完漂亮那不叫厉害，要在两个月后才能呈现出生长状态，这时植物生长得迅速而稳定，这时才看出制作的水平。

在设备使用方面，杨英朝选用了底滤、400C 自吸泵、21 喷头、定制的三瓦灯珠和雨林灯盘、一台雾化器和两个 12V 排风扇，都是制作雨林缸必备的。

杨英朝的雨林缸在今年七月初完成，他的梦想是让所有热爱大自然的人都了解
并喜爱雨林造景这门艺术，他愿意用智慧和双手制造出更多更美的雨林景观，
把艺术和美传递给所有热爱生活的人。

专家点评:

      看了整个作品，我第一眼想到的是异形！仔细一看，这种 H.R. 吉格风格基格的设计却全部是用植物来处理的，很有创意，整个作品运用的元素给人一种科幻的感觉。这个作品大量地使用了队列式的布置，乍一看就像各种电缆一样，特别富有未来感和科幻感，非常有创意。下半段的景深也做得很好，感觉有红色的废弃工业污水在流动。真棒，甚是喜欢。

      比较原生狂野的风格，少了一些大叶片的植物，右前方的藤条上加多一些苔藓会更自然。

      这个作品我刚开始往下看的时候感觉有些凌乱，看到底层横亘的一个粗枝的时候，一下子就吸引了我的眼球，有种裸眼 3D 的感觉。如果在中间留一点白或者在暗区扩大些会不会更有深邃的感觉呢？

CHAPTER 07

IVLC 大赛 2019—2020 年经典缸体展示及点评

IVLC 造景大赛是一群雨林造景爱好者所组织的公益性比赛，他们用了几年的时间，搭建了一个全世界造景爱好者都可以参与和欣赏的平台。今年已经举办第四届了，在这几年中，他们积攒了很多值得向大家展示的作品，同时，也验证了很多造景者的经验和方法与读者们分享。

《蔓延》

　　这是 2019 年的亚军作品，缸内的植物肆意生长，完美地体现了自然的狂野和生机，展现了不一样的造景。

《暮从碧山下》

这并不是大家心目中典型的雨林缸造景，但是作者用精湛的造景手法和结构功底，结合了水陆缸与水草造景的特点，展现了不一样的景致。

《哈利波特夜游黑森林》

　　这个缸蛮小的，所以作者展现了两个视觉角度：一个是平视，一个是仰视，尽可能地想展示空间感。里面 80% 的植物都是野采的，积水凤梨是用自己养的白云的侧芽，比例很适中，天湖葵用来当藤蔓，还有水草种子。其实控制得好就可以把比例一直控制在很小的状态，很长时间都不会增大。有些时候，植物的属性在不同的环境中不一定都是按照理论知识生长的。

《Green JET》

专家点评:

　　我个人比较喜欢中间那根穿出来的树根，有一种破窗的感觉，如果把整张作品图看成是一张画，那么整个感觉就像裸眼 3D。植物的选项更多取材于目前最火的天南星科的植物。商业组的这个甲方真的舍得投入资金，羡慕这样的甲方，希望这样的缸体能够让更多的甲方看到，并且敢于且舍得运用起来。我个人评判商业缸的话，我更喜欢看到周围装修与缸体的这个互动感，缸体下面铺苔藓也蛮有意思，这就是一种互动吧。

　　延伸出缸外的视觉效果非常棒，整体骨架也比较丰满，果然还是大缸比较吸引眼球。如果是我，我会多加一些有色彩的小型植物搭配进去。

　　这个景观让我想起了去年 JASON 的大缸组冠军作品，市面上能够把大量天南星融入环境的景观不多，毕竟天南星一旦爆起来还是非常狂野的。个人意见，如果能在前面防水雾扩散的苔藓部分再修饰一番会不会更有味道？

《V Root》

专家点评：

　　整个轮廓感特别丰富，主体性很强烈。发射状的植物运用很多，不仅仅用了积水，还有鸟巢，棕榈衬托这种形状，丰富了形式。

　　宽缸的优势是容易出景深，前景中景和背景很分明，层次感强。左前方的植物换成小一些的视觉效果会更好一些。

　　依然是天南星很抢眼的作品，骨架的造型很有味道，我有点期待这个缸体运行几年之后的感觉会是如何，想必一定是狂野得很。

《陋室》

《陋室》

专家点评

....

　　刘老师的商业造景一贯都是这种极度的自然感，切实地做到了把大自然搬回家，请注意我的用词——不是搬进缸，是搬进家。

　　大型商业景的老前辈了，技术和审美各方面都在线。

　　刘老师还是一如既往的原生，植物的价值在与整个景观环境的和谐上，而并不在植物本身，这一点在商业景观里更为重要，目前在这一点上高屋建瓴的非刘老师莫属。

《一帘幽梦》

专家点评:

整体商业空间和缸体结合还是蛮好的，色调搭配也很舒服。

因为自己也做商业景，所以这种能融入室内和周边完美衔接的景，顾客肯定会满意。

一个合格的商业景观，骨架有造型，植物有搭配，直接落地的制作手法也很霸气。有个问题是开放式的：景观长期运行下来对沙发可能会有一定伤害，可以探讨下如何避免这个问

我们感谢您

近几年，随着雨林缸造景行业的兴起，从业者及爱好者也越来越多。我们用了几年的时间搭建了一个全世界造景爱好者都可以参与和欣赏的平台——IVLC造景大赛。这是由一群雨林造景爱好者所组织的公益性比赛，今年已经举办第四届了。在这个过程中，我们积攒了很多值得向大家展示的作品，同时，也学习了很多造景者的经验和方法。

我们希望通过各种平台向雨林缸造景爱好者分享这些精美的作品和宝贵的经验，帮助大家在雨林缸造景过程中少走弯路，更希望能够帮助一些新手通过更低的门槛了解这项爱好。

在这里，我们IVLC造景大赛全体工作人员要向一直关注和支持我们的人表示感谢。

感谢我们社交媒体上的数万粉丝，是你们给了我们参赛者和组委会的支持，让我们能够将这个比赛和对雨林缸的推广坚持下来。

感谢一些知名的朋友，如"水哥"和张辰亮为我们提供的帮助，让我们能够更快地把比赛的影响力提高。

感谢那些从事水族造景推广和宣传的朋友，特别是"壹水族"给我们的大力支持和推广。

感谢各位爱好者和造景从业者，能够持续地抽出时间参加比赛，把更多的精美作品展现在公众面前。

感谢Jason、孙凯、八子、张小蜂、潘虎君为本书提供的珍贵且精美的照片。

最后，要感谢我们IVLC造景大赛的全体工作人员，在没有任何报酬的情况下，日复一日地付出自己的精力和汗水，让我们的比赛和雨林缸造景能够走到今天。

天生　王诚新罗　黄硕　汤问鼎　卡拉彭妮

2020年3月20日于北京

图书在版编目（CIP）数据

方寸之间，雨林世界：我的第一本雨林缸造景书 /
IVLC 造景大赛组委会编著 . -- 哈尔滨：黑龙江科学技术出版
社，2020.9（2024.3 重印）
 ISBN 978-7-5719-0561-3

 Ⅰ.①方… Ⅱ.①I… Ⅲ.①水生植物 – 观赏园艺
Ⅳ.① S682.32

 中国版本图书馆 CIP 数据核字 (2020) 第 258739 号

方寸之间，雨林世界：我的第一本雨林缸造景书
FANGCUN ZHIJIAN, YULIN SHIJIE:WO DE
DI-YI BEN YULINGANG ZAOJING SHU

作　　者　IVLC 造景大赛组委会
责任编辑　马远洋　张云艳
封面设计　佟　玉
出　　版　黑龙江科学技术出版社
地　　址　哈尔滨市南岗区公安街 70-2 号
邮　　编　150007
电　　话　（0451）53642106
传　　真　（0451）53642143
网　　址　www.lkcbs.cn
发　　行　全国新华书店
印　　刷　运河（唐山）印务有限公司
开　　本　710mm×1000mm　1/16
印　　张　16.5
字　　数　240 千字
版　　次　2020 年 9 月第 1 版
印　　次　2024 年 3 月第 6 次印刷
书　　号　ISBN 978-7-5719-0561-3
定　　价　68.00 元